Peter Rasch | Udo Tanske

Rasch durch den Garten

Das NDR-Gartenbuch

Band 2

HINSTORFF

NDR 1 Radio MV nordmagazin

FRÜH INS NEUE JAHR

FRISUREN UND ERSTE HILFE

KRÄUTER, FRÜCHTE UND ÜBERRASCHENDE KNOLLEN

BUNTER HERBST – NAHES FRÜHJAHR

IMMER GÜLTIG

Früh ins
neue Jahr

SELBST GEMACHTE SAATBÄNDER –

Ein Winterwetter-Tipp

Im Winter mag man oft die Hände gar nicht aus den Taschen nehmen, so kalt ist es im Garten. Aber zum Glück gibt es ja noch ein paar Arbeiten, die man nicht draußen erledigen muss. So können wir auch in der dunklen Jahreszeit etwas für den Garten tun oder dann, wenn der Frühling mal wieder auf sich warten lässt – und das ganz bequem in der warmen Küche.

Für unser Gartenbastelprojekt brauchen wir Wasser, Weizenmehl, eine Schüssel, Zeitungen oder Toilettenpapier und natürlich Saatgut. Daraus bauen wir unsere eigenen Saatbänder. Sicher, solche Bänder kann man fertig kaufen, aber wenn man seltenes, altes oder selbst gezogenes Saatgut hat, passt es, sie selbst herzustellen. Das macht viel Spaß und ist ganz einfach – eine Arbeit, die Sie gut gemeinsam mit ihren Kindern oder Enkeln erledigen können.

▼ Auf den ersten Blick ahnt man es nicht: Alle Dinge auf dem Tisch brauchen wir für die Herstellung von Saatbändern.

▲ Saatgutbänder gibt es zwar auch fertig zu kaufen, schöner ist jedoch das Basteln für die wärmere Jahreszeit.

Aus Wasser und Mehl entsteht ein biologisch abbaubarer Leim. So etwas hat Oma uns früher immer angerührt, wenn wir basteln wollten und kein Kleber im Haus war. Die Konsistenz des Weizenklebers sollte so sein, dass Sie die Mischung gut mit einem Pinsel auf das Papier tropfen lassen können.

Weiter geht es mit dem Saatgutträger. Das kann Toilettenpapier sein, eine Küchenrolle oder der nicht bedruckte Rand von der Tageszeitung.

Am besten schneiden Sie sich einen Meter lange Streifen aus Toilettenpapier. Bei dieser Länge lassen sich die Bahnen aufgewickelt gut mit der Schere bearbeiten. Aus einem Streifen Papier werden auf diese Weise schnell vier schmale Saatbänder.

Bevor es weiter geht, sollten Sie auf die Saatguttüten schauen. Auf deren Rückseite finden Sie die richtigen Abstände für die Aussaat.

Zum Beispiel Radieschen: Der ideale Pflanzenabstand beträgt hier fünf Zentimeter. In diesem Abstand wird der Mehlkleber auf das Papier getropft. Dann kommt das Saatkorn auf die Klebepunkte. Ist die Radieschensaat verteilt, setzen

▸ Kleber auftragen, Saatkörner verteilen, trocknen lassen und beschriften – fertig ist das Saatband.

wir noch jeweils einen mit Möhrensaat bestückten Klebertropfen in die Zwischenräume. So hat das Saatband gleich eine eingebaute Fruchtfolge. Die Möhren brauchen etwas länger zum Keimen und Auflaufen. Bis sie den Platz in der Beetreihe für sich beanspruchen werden, haben Sie die Radieschen schon längst geerntet.

Das Gute ist: Bei selbst gefertigten Saatbändern können Sie sich Ihre Lieblingskombinationen fürs Beet selber „vorprogrammieren".

Ganz wichtig ist, dass die Bänder schnell trocknen. Dadurch wird verhindert, dass das Saatgut durch die Feuchtigkeit gleich zu keimen beginnt. Also am besten auf die Heizung oder den Ofen mit Ihrer Kreation. Getrocknet lassen sich die Streifen gut beschriften – so wissen Sie auch später noch, was sie in die Erde bringen. Danach können Sie die Bänder aufrollen und bis zum Beginn der wärmeren Jahreszeit trocken lagern.

Im Frühjahr müssen Sie das Saatband nur noch ins Beet legen, mit Erde bedecken und schließlich gut angießen, denn dadurch weichen Kleber und Papier auf. Ein Verziehen ist nicht mehr nötig, weil die Abstände zwischen den Pflanzen ja schon stimmen. Demnach ist der nächste Schritt bereits das Ernten.

Rasche Gartenregel Nr. 4

Wenn es hinten noch reinzieht, ist es zu früh für den Garten.

Diese Regel habe ich von meinem Opa übernommen. Die Pflanzen in unserem Garten sind genau wie wir temperaturgesteuert. Wenn es noch kalt und ungemütlich ist, haben sie keine Lust, ihre Kopfe herauszustrecken. Ich kenne das Gefühl ja auch, wenn man im zeitigen Frühjahr aus dem Fenster schaut, die ersten Sonnenstrahlen in den Garten fallen und es in den Fingern kribbelt. Sobald man sich dann draußen jedoch bückt und der Wind am Rücken noch eisig unter die Jacke fährt, will man lieber noch im Warmen etwas vorbereiten – Tomaten aussäen oder im Gewächshaus werkeln. Bringen Sie die Pflanzen zu früh ins Beet, hat das in den meisten Fällen keine Vorteile – denn der Aufwand, die Gewächse vor den ungünstigen Wetterbedingungen zu schützen, ist groß.

Die „Raschen Gartenregeln“ 1 bis 3 finden Sie im ersten Band der Reihe „Rasch durch den Garten – Das NDR-Gartenbuch“, ISBN 978-3-356-02086-1.

FROSTSCHUTZ

Die ersten schönen, warmen Frühlingstage locken uns in den Garten. Auch wenn wir es kaum erwarten können, ein bisschen vorsichtig müssen wir noch sein. Denn auf die Eisheiligen ist oft Verlass. Und da kann es ungeschützten Jungpflanzen schon mal an den Kragen gehen. Wenn zu wenig Platz im Gewächshaus ist und die Tomaten ins Freiland sollen, muss man sich deshalb Gedanken machen.

Versteckt im Karton überlebt die Blütenpracht auch eine Frostnacht. Für die jungen Tomatenpflanzen (unten) muss ich mir etwas Anderes einfallen lassen.

Im Grunde ist das mit dem Frostschutz gar nicht so schwer. Alles, was ein Luftpolster zwischen der eisigen Luft und Ihren Pflanzen schafft, hilft. Zum Beispiel ein Karton, der über den Blumenkasten gestellt wird oder ihn umschließt. Selbst ein Wäschetrockner kann zum Gerüst für ein provisorisches Gewächshaus werden, das empfindliche Pflänzchen in kalten Nächten schützt. Über den Trockner können Sie vieles legen, dass Sie in Ihrem Haushalt haben dürften – Wolldecken, Folie, vielleicht auch ein Gartenvlies. Es ist ja nur eine Konstruktion, die ein paar Stunden halten muss.

▾ ▸ Auch mit einem Wäschetrockner, einem Vlies und ein paar Steinen zum Beschweren lassen sich kleine Pflanzengruppen vor niedrigen Temperaturen schützen.

Gewächse können Sie natürlich auch einzeln schützen. Kleine Pflanzen zum Beispiel mit Gläsern oder Bechern, größere Gemüsepflanzen wie Kohlrabi mit Schüsseln oder Eimern. Die Tomate wird mit einer Plastik- oder Papiertüte überdacht. In die Tüte ruhig ein paar kleine Löcher stechen, dann überhitzen die Pflanzen in der Morgensonne nicht so schnell.

Obstbäume können Sie mit Decken oder einem Gartenvlies absichern. Bei allen Frostschutzmaßnahmen ist es wichtig, dass Sie sie morgens entfernen, sobald die Temperaturen über fünf Grad steigen. Das ist gerade bei Obstbäumen zu beachten, denn im Frühjahr sind Bienen

▲ Ob Übertopf oder Winterjacke: Vorsicht ist geboten, damit die Pflanzen nicht beschädigt werden.

und Hummeln als Bestäuber unterwegs. Und wenn die nicht an die Blüten kommen, werden Sie trotz des Frostschutzes später keine Äpfel, Birnen oder Kirschen ernten können.

Auch die mediterranen Sträucher und Bäumchen müssen im Frühjahr aus ihrem Winterquartier an die frische Luft: Lorbeer, Oleander, Oliven oder Zitronen. Sie sind jedoch besonders kälteempfindlich. Auch hier kann ein großer Karton helfen – oder Sie machen es wie ich und holen noch einmal die dicke Jacke heraus. Die steht den Pflanzen in einer eisigen Nacht nämlich ebenfalls ganz gut. Aber Vorsicht: Beim Anziehen und später auch wieder beim Ausziehen nicht die Knospen abbrechen!

Peter Rasch

MISTELN

Im Winter sieht man jetzt immer mehr Laubholz-Misteln in den Baumkronen. Im Süden und in Mitteldeutschland ist dies schon länger ein gewohntes Bild, im Norden verbreitet sich der Parasit erst seit den 1980er Jahren stark.

Küssen unterm Mistelzweig – das ist herrlich, ein schöner Weihnachtsbrauch. Aber in unseren Obstbäumen können die Misteln zum Problem werden. Sie sind sogenannte Halbschmarotzer, entziehen mit ihren Saugwurzeln dem Baum Wasser und Nährstoffe, betreiben aber selbst Photosynthese. Die ungebetenen Gäste bringen also zumindest ihren eigenen Zucker mit.

Viele denken, Misteln stünden unter Naturschutz und dürften nicht entfernt werden. Das ist aber nicht so. Der Naturschutzbund Deutschland (NABU) warnt,

◂ Sie erinnern an Miraculix, den Zaubertrank – und sind doch für manche Bäume eine Gefahr: die Misteln.

dass die Parasiten besonders in Streuobstwiesen ein Problem werden können, und rät, befallene Bäume im Spätwinter oder im zeitigen Frühjahr zu beschneiden.

Aber selbst, wenn sie nicht geschützt sind, sollten die Misteln nur entfernt werden, sofern sie Probleme bereiten. Sie sind nämlich auch nützlich. Ihre weißen Scheinbeeren gehören zum Winterfutter von mindestens 27 heimischen Vogelarten. Und sie sind Nahrung für viele Insekten, darunter ein paar hochgradig gefährdete Wanzenarten.

▸ Die Scheinbeeren der Misteln ernähren im Winter die Vögel.

▸ Die Misteln bohren sich in die Rinde von Ästen – und viele Bäume können nun auf natürliche Weise nicht mehr von ihnen befreit werden.

Welche Obstbäume haben ein Problem mit der Mistel? Hauptsächlich der Apfelbaum, aber auch die Eberesche. Birne, Pflaume und Kirsche hingegen können mit diesen Bewohnern gut umgehen. Die Birne zum Beispiel hat sogar einen wunderbaren Schutzmechanismus: Das Mistelkorn wird meist durch Vögel verbreitet. Die lieben, wie schon gesagt, die weißen Scheinbeeren der Pflanze. Mit dem Kot der Tiere landet manches Samenkorn auf Ästen und setzt sich dort fest.

Während sich die Birne selbst zu schützen weiß, hilft beim Apfelbaum oft nur noch die Säge.

Manchmal kann man die betroffenen Äste nicht einfach absägen. Dann hilft das Abbrechen der Misteln. Es beseitigt sie zwar nicht ganz, hemmt jedoch ihre Ausbreitung.

Die Birne weiß sich jedoch zu wehren. Wenn sich die Mistel in die Rinde bohrt, vertrocknet das Gewebe unter der Baumrinde. Der Parasit kann nun kein Wasser mehr ziehen und stirbt ab.

Diesen Schutzmechanismus hat der Apfelbaum nicht. Wer hier Mistelbefall aufhalten will, muss radikal zurückschneiden. Äste mit Befall sollten mindestens 30 bis 50 Zentimeter unterhalb der betroffenen Stelle abgesägt werden. Damit kann die Ausbreitung der Mistel in der Regel gestoppt werden. Das geht natürlich nur, wenn der Baum außen befallen ist. Wächst der Schmarotzer weiter innen, können Sie ihn am Ast abbrechen oder abschneiden. Auf diese Weise werden Sie den Parasitenbefall zwar nicht los, aber Sie helfen Ihrem Baum, besser damit klarzukommen. Die Mistel wächst zwar weiter, braucht jedoch einige Zeit, um sich zu erholen - ein großer Vorteil für den Baum. Sind die grünen Triebe des Parasiten einmal entfernt, dauert es ungefähr vier Jahre, bis er wieder so weit gewachsen ist, dass er Früchte tragen und sich weiter verbreiten kann.

Sägt man einen befallenen Ast auf, zeigt sich, was an der Mistel für unsere Apfelbäume so gefährlich ist. Dann sieht man, wie der Schmarotzer einen Keil in den Ast schiebt, um an die Nährstoffleitungen zu kommen. Zudem bildet die

Ein Schnitt durch Mistel und Ast macht sichtbar, wie sich der Halbschmarotzer festsetzt.

Mistel Nebentriebe, die sich im sogenannten Xylem, einer Art Leitungssystem unter der Rinde, über den ganzen Baum verteilen.

Am Ende kann das solche Ausmaße annehmen, wie wir sie häufig bei großen Laubbäumen sehen. Fachleute vermuten, dass auch das Überangebot an Nährstoffen durch die intensive Landwirtschaft und die Klimaerwärmung das Wachstum der Parasiten beschleunigen.

Für den Komposthaufen ist die kugelige Pflanze aber trotzdem viel zu schade. Man sagt ihr Heilkräfte nach - und das nicht nur bei Asterix und Obelix. Die Mistel ist ja eine Zutat in dem Zaubertrank, den Miraculix kocht, bevor die Gallier die

◂ Mistelblätter muss man nicht wegwerfen – sie eignen sich bestens für einen Tee …

Römer vermöbeln. Blattextrakte werden zur Blutdrucksenkung, bei Arteriosklerose und in der Krebsbehandlung angewandt.

Ich verarbeite die Mistelblätter zu Tee. Sie werden frisch gehackt und getrocknet. Dann mische ich das Mistelkraut immer noch mit Salbei – ein wunderbarer Tee für die Geschmacksnerven und für die Gesundheit.

◂ … Dazu müssen die Blätter allerdings kleingehackt werden.

Peter Rasch

APFELBAUM PFLANZEN

„An apple a day keeps the doctor away“ (Ein Apfel am Tag erspart Dir den Gang zum Doktor), sagt ein altes englisches Sprichwort. Nicht zu Unrecht, denn Äpfel sind wirklich gesund. Sie reduzieren das Risiko von Herz- und Gefäßkrankheiten, Asthma, Diabetes und Krebs.

Jedes Jahr wieder bekommen wir in der Gärtnerei dieselbe Frage gestellt: „Mein Nachbar hat ganz viele Äpfel und ich habe kaum welche, woran liegt das?“ Ursache ist oft, dass schon bei der Auswahl des Baumes und der Pflanzung Fehler gemacht werden.

In Deutschland gibt es gut 1500 Apfelsorten – ein großes Angebot also. Das macht es nicht ganz einfach, den richtigen Baum für den eigenen Garten zu finden. In den Fachmärkten findet man die gängigen Sorten. Das sind etwa 40, was die Auswahl dann doch leichter macht.

Vor dem Pflanzen kommt die Wahl des richtigen Baumes. Gut 1500 Sorten gibt es in Deutschland.

Bevor Sie einen Apfelbaum pflanzen, müssen Sie unbedingt eines wissen: Ein Obstbaum braucht Platz. Deshalb sollten Sie sich genau überlegen, was Sie pflanzen wollen und wohin. Auf jeden Fall darf ein Obstbaum niemals in die Ecke gequetscht werden. Hochstämmige Bäume brauchen 50 bis 60 Quadratmeter Raum, halbstämmige immer noch 30 bis 40 und Büsche 12 bis 15 Quadratmeter.

▸ ▾ Wichtig ist es, einem Apfelbaum Raum zu geben. Deshalb lohnt es sich, vorher auszumessen, an welcher Stelle er am besten eingepflanzt werden sollte.

Wenn ein Apfelbaum wenige oder nur kleine Früchte trägt, liegt das oft daran, dass die Unterlage des Baums (so nennt man seinen unteren Teil mit Wurzel und Stamm) nicht zum Boden passt. Um auf den richtigen Baum zu setzen, sollten Sie deshalb beim Kauf unbedingt die Informations-Schilder beachten, die an der Pflanze befestigt sind.

Die Unterlage bei den handelsüblichen Obstbäumen ist meist eine robuste Sorte mit kräftigen Wurzeln, die den Baum gut mit Nährstoffen und Wasser ver-

Die Unterlage des Baumes muss zu den Bodenverhältnissen Ihres Gartens passen.

Schilder am Baum informieren über seine Eigenschaften. MM 106 zum Beispiel bedeutet unter anderem, dass es sich um ein mittelstark wachsendes, anpassungsfähiges Gewächs handelt, das früh und regelmäßig Ertrag bringt.

sorgen kann. Darauf wird die eigentliche Apfelsorte aufgepfropft – also veredelt. So kann man einer schmackhaften Sorte, die vielleicht eher langsam wächst, einen Vorteil verschaffen.

Wenn Sie einen sandigen, nährstoffarmen Boden haben, brauchen Sie eine stark wachsende Unterlage. Wer über einen guten Boden verfügt, sollte sich für eine schwach wachsende Unterlage entscheiden, sonst würde der Baum viel zu groß werden. Wichtig ist also, dass Sie sich über die Bodenqualität Ihres Gartens im Klaren sind und danach den Baum auswählen. Im Internet gib es viele brauchbare Tabellen, die einem die Zuordnung erleichtern. Lassen Sie sich jedoch unbedingt beim Kauf vom Gartenprofi oder einem Mitarbeiter in der Baumschule beraten. Auch in puncto Pflanzenkrankheiten sollten Sie sich aufklären lassen. Wenn eine Unterlage (wie die als „M9" kategorisierte) nicht gegen Feuerbrand resistent ist, könnte das ein Ausschluss-Kriterium sein. Diese Krankheit spielt jedoch in vielen Regionen kaum eine Rolle.

Wer es nachhaltig mag, für den ist die Sämlingsunterlage eine gute Alternative - das ist eine natürliche, besonders stark wachsende Unterlage, die zu sehr großen Bäumen führt. Diese brauchen ungefähr zehn Jahre, bis sie tragen. Aber dann sind sie sehr ausdauernd, so dass auch die nächste Generation noch davon profitiert.

Apfelbäume kann man das ganze Jahr über pflanzen, wenn sie im Topf gezogen wurden - man spricht hier von der sogenannten Containerware. Im zeitigen Frühjahr hingegen werden die Bäume wurzelnackt gehandelt, das spart

Will man eine üppige Ernte erzielen, ist es wichtig, dass in der Nähe des Apfelbaums ein weiterer mit passender Befruchtersorte steht.

ungefähr ein Drittel der Kosten. Diese Bäumchen müssen gepflanzt sein, bevor sie austreiben.

Einer der wichtigsten Punkte ist jedoch der richtige Nachbar. Jeder Apfel hat eigene Befruchtersorten. Manchmal sind es viele, manchmal nur wenige. Cox Orange zum Beispiel hat zirka 20 Befruchtersorten. Die französische Edelrenette nur eine – und das ist die Goldparmäne. Auch die Befruchtersorten sind in vielen Fällen schon auf den Sortenbeschreibungen, direkt am Baum, zu finden. Wenn dies nicht so sein sollte, unbedingt nachfragen!

In kleineren Gärten ist oft kein Platz für mehrere Apfelbäume. Sollte Ihr Nachbar jedoch einige oder zumindest einen auf seinem Grundstück stehen haben, so könnte sich hier der richtige Befruchter für den eigenen Baum finden. Man muss dann nur noch eine passende Pflanze aussuchen. Bietet sich diese Möglichkeit nicht, dann gibt es neuerdings sogenannte Familienbäume. Das sind Gewächse, auf die gleich drei Sorten veredelt wurden – normalerweise solche, die sich gegenseitig befruchten können.

Tipp: Sie sollten darauf achten, dass die Bäume möglichst aus regionalen Baumschulen stammen, denn so kommen sie mit den klimatischen Bedingungen in Ihrem Garten am besten klar.

◀ Hat man alles berücksichtigt, das beim Pflanzen eines Apfelbaumes zu beachten ist, dann ist eines sicher: Freude an vielen Äpfeln.

DIE BEERENHECKE

Eine Beerenhecke ist genau das Richtige, wenn man im Garten noch Platz hat, aber nicht viel Zeit. Sie ist pflegeleicht, bietet Sichtschutz, blüht schön. Und nicht nur für die Vögel gibt es reiche Ernte.

Wer zeitig im Jahr pflanzt, kann wurzelnackte Gewächse nehmen. Diese sollten Sie jedoch nur verwenden, bevor die Vegetationsphase richtig beginnt. Sind die Pflanzen ausgetrieben, ist es zu spät. Dann müssen Sie bis zum nächsten Frühjahr warten. Oder Sie greifen auf Container- beziehungsweise Topfpflanzen zurück. Das ist zwar ein bisschen teurer, aber man kann sich etwas mehr Zeit lassen mit dem Pflanzen.

▾ Außer im zeitigen Frühjahr sollte man für die Beerenhecke immer Topfpflanzen kaufen. Sie sind – wie hier Holunder, Schlehe (oben) und Gojibeere (unten) – robuster beim Einpflanzen.

Für die Hecke empfehle ich vorwiegend heimische Arten, die über das Jahr verteilt Früchte tragen. Meine Auswahl: ein bisschen was Größeres, Holunder – dabei spekuliere ich schon auf Holunderblütensirup oder Holunderbeersaft. Schlehe darf bei mir nicht fehlen – sie ist auch für die Vögel gut und nach dem ersten Frost habe ich im Winter etwas zu ernten. Die Goji-Beere ist ideal für den Spätsommer – ein kleiner Exot. Für die frühe Ernte entscheide ich mich für Stachel- und Johannisbeeren. Die Felsenbirne ist mein großer Favorit. Sie zeigt eine wunderbare Herbstfärbung und tolle Blüten. Ihre Früchte sind so schmackhaft, dass Sie lieber ein kleines Netz über die Pflanze spannen sollten, denn sonst sind die Vögel sicher schneller bei der Ernte als der Mensch.

Beim Pflanzen kann man nicht viel verkehrt machen. Zuerst verteilen wir die Pflanzen auf

◂ Ob Johannisbeere (oben) oder Felsenbirne (Mitte) – die richtige Anordnung der Gewächse sollte man ruhig erst einmal auf der vorgesehenen Fläche ausprobieren, ehe man zu graben beginnt.

der zur Verfügung stehenden Fläche und gucken, in welcher Konstellation sie am besten aussehen. Wichtig ist dabei, zur Grundstücksgrenze immer einen Meter Abstand zu halten, damit nicht alles zum Nachbarn rüberwuchert und man auch noch mit der Heckenschere an die Gewächse herankommt. Zwischen den Pflanzen sollte ebenfalls ein Meter frei bleiben, damit jede genügend Raum zur Entfaltung hat. Wer viel Platz hat, kann die Hecke zweireihig anlegen. Am besten setzen Sie kleine Pflanzen nach vorne, die großen nach hinten. So eine Höhenstaffelung macht immer einen guten Eindruck.

Ehe Sie die Gewächse in den Boden bringen, die Wurzelballen noch einmal in Wasser tauchen – bis keine Blasen mehr nach oben steigen. Mit der richtigen Pflanztiefe ist es ganz einfach: Die Beere sollte hinterher genauso tief im Beet stehen wie vorher im Topf.

Wenn Ihr Boden jedoch recht fest ist, sollten Sie unbedingt etwas ausgiebiger graben. Lockern Sie die Erde hier ruhig doppelt so tief auf, dann haben es die Wurzeln der neuen Büsche leichter. Ist der Wurzelballen sehr kompakt, reißen Sie ihn vorsichtig auf. Die Wurzeln können sich so besser verankern und entwickeln.

Nachdem die Pflanze in den Boden gebracht ist, den Rest des Loches mit Erde auffüllen. Und nun kommt etwas, das ich den Johannisbeer-Tanz nenne. Dabei wird die Erde um den Stamm in Trippelschritten gut angetreten, denn der Bodenschluss ist für das Gedeihen wichtig.

Ein bisschen komplizierter ist es bei der Heidelbeere. Hier muss das Pflanzloch grö-

◂ Da die Heidelbeere einen eher sauren Boden braucht, pflanze ich sie mit einer ihr genehmen Spezialmischung in einen Kübel, der in die Erde eingelassen ist.

ßer sein. Die Beere braucht ein anderes Bodenmilieu, sie liebt es sauer. Deshalb kommen ins Pflanzloch eine Folie oder ein Kübel – und da hinein dann „Peters Heidelbeer-Spezialmischung“: Rindenmulch, Blätter und Tannennadeln in den unteren Bereich. Darüber ein bisschen Spezialerde – Rhododendron- und Heidelbeer-Erde. Diese Erden werden schon mit einem idealen ph-Wert für Moorpflanzen angeboten. Zusammen mit den andern „Zutaten“ ist das die ideale Boden-Mischung. Nun muss nur noch der Wurzelballen angerissen und der Heidelbeerbusch eingepflanzt werden – fertig.

▴ Ein Gießrand verhindert, dass das Wasser verläuft.

Nicht vergessen sollten Sie einen stabilen Gießrand aus Erde um die Pflanze. Der ist wichtig, damit das Wasser gezielt bei den Wurzeln ankommt. Der Rand muss so weit gezogen werden, dass eine Wassergabe von zehn Litern in die umschlossene Fläche passt, denn so viel braucht die Pflanze.

CLEMATIS –
Blüten für die Hecke

Eine grüne, dichte Hecke ist ja ganz schön. Noch schöner wäre es natürlich, wenn sich dazwischen Blüten mischten. Will man dies erreichen, so bietet sich die Clematis, auch Waldrebe genannt, an. Sie blüht vom Frühjahr bis in den Spätsommer und rankt sich gern in unsere Hecken, Sträucher oder Bäume hinein. Und wenn man beim Einpflanzen etwas aufpasst, ist sie auch pflegeleicht – sowie extrem frosthart.

▲ Die Clematis lässt Hecken erblühen.

Neben all diesen Vorzügen kommt noch ein weiterer Aspekt hinzu, der für die Clematis spricht: Frühe Sorten wie die Montana bieten eine üppige Mahlzeit für Bestäuber. An den Kletterpflanzen finden Bienen, Hummeln und Schmetterlinge von Mai bis weit in den September hinein Nahrung.

Wie muss eine Clematis aussehen, wenn ich sie im Frühjahr kaufe? Sie sollte auf jeden Fall schon ein paar Blüten zeigen, im Saft stehen, mindestens fünf Triebe haben und gut durchwurzelt sein.

Die Clematis liebt einen schattigen Platz am Boden. Die wilden Waldreben sind in Laubwäldern heimisch und klettern auf dem Weg zum Licht sogar bis in die Baumkronen. Je nach Sorte werden sie locker 5 bis 6 Meter hoch.

Eine Hecke ist für die Clematis ideal. Hier wird ihr Schatten am Boden geboten und ein fertiges Rankgerüst darüber.

◂ An schattigen Plätzen gedeiht die Clematis besonders gut. Pflanzt man sie in einen Kübel, darf man ein Rankgerüst nicht vergessen (unten).

Die besten Pflanzzeiten sind im Frühjahr oder von August bis Oktober. Die Bodentemperatur sollte 15 bis 20 Grad betragen. Von großen Mauern und Betonwänden ist etwa 30 Zentimeter Abstand zu halten. Die Clematis wird sich trotzdem daran hochziehen. Das Pflanzloch muss mindestens 30 Zentimeter groß und auch entsprechend tief sein – bei lockeren, zum Beispiel sandigen Böden. Bei festem oder gar lehmigem Boden muss man zusätzlich für eine Drainage sorgen, zum Beispiel eine dicke Kiesschicht am Boden des Pflanzloches. Denn Staunässe mag die Waldrebe überhaupt nicht – das ist das Einzige, womit sie ein Problem hat.

Mageren Boden sollten Sie im Frühling ein wenig auffrischen. Die Wachstumsphase beginnt zu dieser Zeit ja gerade. Als Füllung für das Pflanzloch brauchen wir eine humusreiche, leichte, lockere Pflanzerde, die möglichst aufgedüngt sein sollte, denn etwas Kraftzufuhr tut der Clematis gerade in dieser frühen Phase ihres Daseins gut.

Nicht vergessen darf man, den Boden an der Pflanzstelle mit Mulch zu bedecken. Es handelt sich ja um eine Waldrebe – und die braucht das Gefühl, sie stünde im Wald. Eine Mulchschicht imitiert den blätterbedeckten Waldboden. Sie hält das Wasser in der Erde und schützt die Wurzel vor Austrocknung. Das reicht der Clematis – zumindest dann, wenn sie an schattigen Plätzen steht.

Eine blühende Clematis ist natürlich auch im Kübel auf Balkon oder Terrasse ein Hingucker. Dafür sind jedoch zwei Punkte zu beachten: Der benötigte Kübel muss ausreichend groß sein und Sie müssen ein Rank-

▲ Auch wenn sie sich über der Erde gut verstehen, sollten Kletterrose und Clematis unter der Erde getrennt werden – zum Beispiel durch eine Fliese als Wurzelsperre.

gerüst anbringen, an dem sich die Pflanze festhalten kann. Der Topf sollte mindestens 25 Liter Erde fassen. Wichtig ist, dass er mehrere Löcher im Boden hat, um Staunässe zu vermeiden. Ich empfehle ihnen in diesem Zusammenhang zudem, zur Drainage Blähton als unterste Schicht im Kübel. Darüber füllen Sie Blumenerde, die - wie schon bei der Pflanzung im Garten - etwas aufgedüngt sein sollte. Und achten Sie bereits beim Kauf auf die angezeigte Wuchshöhe der Pflanzen. Es gibt kleinere Sorten, die nicht höher als anderthalb bis zwei Meter wachsen. Sie sind ideal für den Kübel.

Noch ein Tipp vom Gärtner: Kletterrose und Clematis stellen eine wundervolle Kombination dar. Sie schlingen sich ineinander und zeigen bald schön gemischt ihre Blütenpracht. Im Boden sollten Sie jedoch eine kleine Wurzelsperre platzieren. Eine Fliese oder ein paar alte Bretter als Trennung helfen, damit sich beide Pflanzen unter der Erde nicht ins Gehege kommen. Die Clematis hat nämlich sehr feine Wurzeln, die von denen der Rose leicht beschädigt werden könnten.

Sollte zu viel Sonne auf die Erde im Wurzelbereich scheinen, hilft eine Schattenpflanzung - am besten Funkien (Hosta) oder ein Geranium. Diese sorgen mit ihrem dichten Blätterwerk für genügend Schatten.

Frisuren und Erste Hilfe

HEIDELBEEREN

Heidelbeeren sind gesund und gehören zu den beliebtesten Beerenfrüchten. Sie im Wald zu sammeln, ist oft mühsam, denn die wilden Sorten sind selten und sehr klein. Seit ein paar Jahren ist aber die Kulturheidelbeere bei uns auch als Gartenpflanze verfügbar. Sie wurde aus nordamerikanischen Wildformen gezüchtet, ist pflegeleicht und trägt größere Früchte.

Die modernen Sorten eignen sich durchaus auch als dekorative Pflanze auf Balkon und Terrasse. Sie werden 1 bis 2 Meter hoch, blühen schön, laden zum Naschen ein und lassen sich prima im Kübel halten. Der sollte allerdings groß genug sein – 70 bis 100 Liter, mit entsprechendem Durchmesser. Heidelbeeren sind Flachwurzler. Die Pflanzen können bis zu 30 Jahre alt werden. Im Garten sollten Sie die Sträucher ungefähr in einem Abstand von 70 Zentimetern pflanzen.

Heidelbeeren gehören wie der Rhododendron oder die Erika zu den Moorbeetpflanzen. Das heißt, sie brauchen ein besonderes Bodenmilieu. Der ideale Boden ist mit einem pH-Wert von 3,5 bis 4 wesentlich saurer als sonstige Gartenerde. Deshalb kommt bei einer Kübelpflanzung eine spezielle Mischung in den Topf. Zuerst wird er zu einem Viertel mit Rindenmulch gefüllt, dazu kommt das Laub, das man im Frühjahr noch von den Beeten sammeln kann. Nun wird eine ordentliche Portion Tannennadeln beigefügt. Die Nadeln sorgen für den Erhalt des sauren Milieus, weil sie immer wieder Stoffe abgeben, die den Boden saurer machen. Alles wird mit den Händen gut durchgemischt. Das letzte Drittel im Topf, die eigentliche Pflanzschicht, besteht aus Rhododendron- oder Heidelbeererde. Die hat schon den optimalen pH-Wert.

Zum Pflanzen sollte der Wurzelballen leicht aufgerissen werden, damit die

▾ Pflanze ich Heidelbeeren in einen Kübel, so fülle ich ihn zu einem Viertel mit Rindenmulch und zudem altem Laub auf.

▸ Auch Tannennadeln kommen in den Kübel.

▸ Danach wird der gesamte Inhalt gut durchmischt.

Tipp: **Gießen sollten Sie mit Regenwasser. Leitungswasser ist meist viel zu kalkhaltig, also basisch – das bekommt der Heidelbeere nicht so gut.**

Heidelbeere besser einwurzelt. Pflanzen Sie flach, denn die Wurzeln lieben Luft. Ist der Topf groß genug, setzen Sie eine zweite Pflanze mit hinein. Heidelbeeren sind zwar selbstbefruchtend, Fremdbestäubung fördert jedoch den Fruchtansatz und die Beerengröße. Nun kann der Kübel auch schon auf die Terrasse.

▲ Die Heidelbeere wird, nachdem ich ihre Wurzeln aufgerissen habe, flach in den Kübel gepflanzt. Nun nur noch angießen – fertig!

Beim Beet können Sie es ähnlich machen. Entweder, Sie versenken einen Maurerkübel oder ein anderes Behältnis im Boden, oder Sie graben ein großes Pflanzloch und legen es mit Folie aus. Sowohl Maurerkübel als auch Folie müssen natürlich ein paar Locher bekommen, damit sich Wasser nicht staut. Die Erdmischung erfolgt entsprechend der oben beim Kübel beschriebenen. So bleibt das saure Milieu um die Pflanze länger erhalten.

Die Pflege ist recht unkompliziert. In den ersten fünf Jahren wird die Heidelbeere nicht geschnitten. Erst dann können Sie die Pflanze in Form bringen. Allerdings empfehle ich, im ersten Jahr die Blüten auszubrechen. Dann werden Sie zwar noch keine Früchte ernten können, aber der Strauch wächst auf diese Weise besser an.

DIE FRISUR FÜR DIE KÖNIGIN – Rosenpflege im Frühjahr

Man soll die Rose schneiden, wenn die Forsythie blüht. Dann ist so gut wie sicher, dass die gefährlichen Fröste vorbei sind. Wenn die Rosen aber vorher schon kräftig austreiben und das Wetter stabil zu bleiben verspricht, kann man sich auch früher an die Arbeit machen.

Den Frostschutz wie Tannenzweige oder Bastmatten können Sie dann schon abräumen und auch die Mulchschicht oder angehäufelte Erde an den Wurzelstöcken entfernen.

▾ Ohne eine scharfe Schere geht wenig bei der Rosenpflege. Vertrocknete Blüten und Äste sollte man entfernen.

Es gibt vier große Gruppen von Rosen: Zwergrosen, Beetrosen, Buschrosen und Kletterrosen. Alle werden ein bisschen unterschiedlich behandelt.

Bei der *Zwergrose* ist es ganz einfach. Sie sollte man möglichst gar nicht schneiden. Nur wenn sie sehr üppig gewachsen ist, kann sie etwas ausgedünnt werden.

Die *Beetrose* hingegen wird jetzt richtig zurückgeschnitten. Ungefähr 15 Zentimeter sollten stehen bleiben. Das heißt, Sie zählen vom Boden aus drei bis vier Augen ab, dort setzen Sie die Schere an. Ist die Pflanze schon schön vorgetrieben, kann man die Augen (die neuen Knospen) gut erkennen. Auch Pflanzenteile, die durch den Frost vertrocknet sind, sollte man entfernen. Ebenso sehr dünne Zweige – an ihnen sind auch nur mickrige Blüten zu erwarten.

Ich weiß, es kostet Überwindung, die schöne Rose so zu stutzen. Aber wir Gärtner sagen beim Rosenschnitt: Hartes Herz und scharfe Schere. Das muss so sein. Hat Ihre Rose nur wenige kräftige Triebe, die schon kahl werden, dann nützt es allein, radikal zurückschneiden, damit die Pflanze wieder buschig werden kann.

Und da wir schon bei den Grundregeln des Rosenschnittes sind: Benutzen Sie sauberes Werkzeug, damit keine Krankheiten übertragen werden. Außerdem sollte der Schnitt nicht zu schräg sein. Halten Sie die Wundflächen möglichst klein. Eine leichte Schräge ist allerdings wichtig, damit Wasser ablaufen kann. Schneiden Sie ungefähr fünf Millimeter über der Knospe, die möglichst nach außen zeigen sollte!

▲ Wenn Sie zu schräg schneiden (links), verwunden Sie die Pflanze unnötig stark. Eine leichte Schräge (rechts) reicht, auch hier kann Wasser ablaufen.

Bei manchen Sorten darf man allerdings ruhig etwas mehr stehen lassen. Bei der ***Buschrose*** zum Beispiel. Hier schneiden wir zuerst alles ab, das krank oder tot ist. Danach sollten die Zweige entfernt werden, die deutlich aus dem Busch herausragen oder herunterhängen. Auch ein paar alte, große, verholzte Zweige kann man herausnehmen, so hat die Pflanze in ihrer Mitte wieder ein bisschen Platz für neues Wachstum.

Wenn Sie wenig abschneiden, können Sie sich über viele kleine Blüten freuen. Schneiden Sie viel ab, wird die Rose üppig und groß blühen. So kann man über den Schnitt auch das Aussehen der Buschrose steuern. Abschließend sollten alle Triebe um ein Drittel eingekürzt werden.

Nach dem Schnitt müssen wir alle alten Blätter von der Pflanze beseitigen. Dort überwintern nämlich gerne Pilze oder Krankheitserreger. Deshalb dürfen die Blätter auch nicht auf den Kompost geworfen werden, sie gehören in die Biotonne oder sind zu verbrennen. Das Gleiche gilt für das Laub unter der Pflanze. Wegsammeln und entsorgen – bis auf das letzte Blatt!

Bei der ***Kletterrose*** ist es wieder ganz einfach. Die ersten vier Jahre lässt man sie in Ruhe. Dann gibt es den Verjüngungsschnitt. Dabei bringen wir die Rosen in Form und schneiden alles ab, was stört oder in den Weg hineinwächst. Dadurch wird die Pflanze angeregt, neu und kräftig auszutreiben. Wichtig ist auch, dass wir im unteren Bereich der Rose aufräumen! Wir müssen dafür sorgen, dass sie frisch von unten durchtreibt. Die neuen Triebe werden die Nachfolger, wenn mal ein alter abstirbt. Schneiden Sie ruhig mal einen dieser alten holzigen Ausläufer ab.

▲ Alte Blätter und abgefallenes Laub schaden der Pflanze: Deshalb: Beseitigen Sie es!

Am Ende gibt es noch eine kleine Starthilfe an die „Füße". Ein bisschen Rosenerde zur Bodenverbesserung und ein paar Hornspäne als Langzeitdünger – das mag unsere Königin sehr. Auf diese Weise ist sie bestens auf die neue „Amtszeit" vorbereitet.

▲ Bei der Kletterrose sollten einige der alten, holzigen Triebe abgeschnitten werden.

Rasche Gartenregel Nr. 5

Zum grünen Daumen gehört immer auch grünes Denken!

Dieser Grundsatz wird immer wichtiger, wenn es darum geht, wie wir unsere Lebensmittel auf intelligente Weise produzieren. Klar: Es gibt eine Menge Mittel für den schnellen Erfolg im Garten – ob nun Unkraut-Ex oder Kunstdünger. Wichtig aber ist, dass wir bei allem, was wir in der Natur anstellen, überlegen, welche langfristigen Folgen unser Tun hat. Chemie laugt den Boden aus, vergiftet Nützlinge. Und wirklich gesund sind die gedopten Pflanzen auch nicht. Zudem unterbrechen wir durch den Einsatz unnatürlicher Mittel oft biologische Kreisläufe, schaffen neue Probleme. Also denken Sie grün und damit ein paar Jahre voraus – an einen Garten, an dem auch unsere Kinder und Enkel noch Freude haben.

UPCYCLING BEI DER AUSSAAT

Der Frühbeetkasten ist aufgefüllt – wir können pflanzen. Aber bevor man pflanzen kann, muss natürlich ausgesät werden. Dafür habe ich mir ein paar Utensilien gesucht, die regelmäßig im Haushalt anfallen: Eierpappen und die Pappkerne von Toilettenpapier- oder Küchenrollen.

Normalerweise landen diese einfach in der Papiertonne. Für die Aussaat können wir sie jedoch noch einmal sinnvoll nutzen und damit das Geld für die kleinen Anzuchttöpfchen sparen.

Zuerst brauchen wir eine Anzuchterde. Nährstoffarm sollte die sein. Sonst schießen die Pflanzen nur schnell in die Höhe. Wir wollen aber, dass sie langsam wachsen und kräftig werden.

Ich nehme für meine Gemüsepflanzen gute Bio-Erde. Damit sie nicht zu nährstoffreich ist, mische ich sie mit Sand. So ein sandiges Substrat eignet sich bestens für die Aussaat und man kann auf den Kauf von spezieller Aussaaterde verzichten. Sie können auch die alte ausgelaugte Erde aus Kübeln oder Balkonkästen recyceln. Sie ist ebenfalls eine gute Anzuchterde.

Ab jetzt kann man nicht mehr viel verkehrt machen.

Variante 1: die Eierpappe. Schneiden Sie den Deckel ab, aber schmeißen Sie ihn nicht weg. Er wird später noch zum passenden Untersetzer. Der ist zwar nicht wasserdicht, gibt dem Ganzen aber etwas mehr Stabilität. Nun wird die Eierpappe mit Erde gefüllt. Diese etwas andrücken.

Variante 2: die Toiletten- oder Küchenrolle. Deren Pappkerne haben eine gute Größe, sie ergeben eine praktische kleine Erdrolle. Darin können die kleinen Pflanzen bleiben, bis sie ins Beet oder Gewächshaus kommen. Eine

▸ Denken Sie bei der Anzucht in den Pappen bitte an eine wasserfeste Unterlage auf der Fensterbank.

▾ Samen, Bio-Erde, Sand und Pappbehälter – alle vereint ergeben vortreffliche Anzuchttöpfchen.

Um Material zu sparen, teile ich die Pappe noch einmal. Eine halbe Rolle ist völlig ausreichend für die Anzucht.

In die Rolle wird die mit Sand untermischte Bio-Erde gefüllt.

halbe Rolle reicht in den meisten Fällen aus. Das spart ein bisschen Material. Beim Aussäen sollten Sie genau arbeiten: Ein Korn pro Eierfach oder Papprröllchen genügt. Dann müssen wir die kleinen Pflänzchen später nicht mehr vereinzeln. Einfach das Korn ein wenig eindrücken, dünn mit Erde bedecken und angießen. Wenn Sie die Pappen zur Anzucht in die Wohnung stellen, denken Sie bitte daran, etwas Wasserfestes darunter zu stellen – zum Beispiel ein Backblech oder eine große Auflaufform.

Oft werden Tomaten am Fenster vorgezogen. Das ist auch gut so, dort bekommen sie genug Sonne und Wärme. Die Pflänzchen wachsen dann allerdings im-

◂ Ein Saatkorn pro Eierfach oder Papprolle – das reicht!

▴ Damit die sich immer zum Hellen hin orientierenden Pflänzchen gerade wachsen, reicht eine beschichtete Styroporplatte, die das Licht reflektiert (links).
Die Anzucht kann schließlich zusammen mit ihrem Pappbehälter in die Erde gegeben werden (rechts).

mer in eine Richtung, dem Licht entgegen – und werden schnell krumm. Entweder man dreht sie ständig oder man stellt einen Reflektor dahinter. Auch den kann man sich schnell selbst bauen, indem beispielsweise eine Pappe mit etwas Alufolie bezogen wird. Noch leichter ist es, eine der mit Alufolie beschichteten Styroporplatten aus dem Baumarkt zu verwenden. So oder so: Die Jungpflanzen erhalten auf diese Weise Licht von allen Seiten, werden gerade und kräftig.

Wenn das junge Gemüse so weit ist, können die Pflänzchen einschließlich ihrer kleinen Anzucht-Gefäße eingepflanzt werden. Die Pappe kann im Boden verbleiben – und dient als Futter für Regenwürmer.

COOLE STECKLINGE

Wenn im Frühjahr die frischen Triebe schießen, ist die Zeit ideal, um Stecklinge zu schneiden. Jetzt wachsen die Pflanzen schön. Und wenn der Nachbar einen beeindruckenden Oleander besitzt oder Sie im Urlaub eine begehrenswerte Pflanze entdecken, können Sie auf diese Weise sortenreine und völlig identische Nachkommen züchten. Bei Saatgut hingegen kann es immer zu Kreuzungen kommen. Das Problem ist nur, dass Stecklinge schnell vertrocknen – weil man vielleicht, sobald es warm ist, öfter zum Baden am See weilt und die Pflanzenkinder dann leicht vergisst. Um das zu verhindern, habe ich zwei Lösungsvorschläge.

Ob Fuchsie, Geranie oder Kräuter – von allen kann man in der wärmeren Jahreszeit Stecklinge schneiden. Sogar die Geiztriebe von den Tomaten eignen sich wunderbar, denn zum Aussäen ist es im späteren Frühjahr viel zu spät. Aus Stecklingen werden zwar nicht mehr die kräftigsten Pflanzen, aber sie sind auf jeden Fall besser als gar keine.

◂ Blütensträucher wie Oleander, Flieder oder Deutzien lassen sich mit Stecklingen ganz einfach vermehren. Dafür einfach einen Trieb der Pflanze abschneiden.

Vorschlag 1: die Stecklingsrolle.
Verteilen Sie einfach feuchtes Moos auf einem Stück Vlies. Nun legen Sie die Stecklinge hinein, rollen das Ganze auf und binden es mit einer Schnur zusammen – fertig. Schnüren Sie das Stecklingspaket jedoch nicht zu eng! Das Moos und die Stecklinge brauchen ja Raum, um Wasser aufzusaugen.

▸ ▾ Die Stecklingsrolle sorgt dafür, dass die Triebe gleichmäßig mit Wasser versorgt werden: nasses Moos auf ein Stück Vlies verteilen, einen oder mehrere Stecklinge hineinlegen, zusammenrollen und mit einem Band vorsichtig umschnüren.

Was müssen Sie beachten? Wichtig ist am Stiel ein glatter Schnitt mit einem blitzsauberen, scharfen Messer. Maximal drei Blätter sollten jeweils am Steckling verbleiben – und wenn die Blätter schon sehr groß sind, können Sie diese auch noch einmal halbieren, damit nicht zu viel Feuchtigkeit verdunstet. Blüten müssen entfernt werden!

Die Stecklingsrolle ist am pflegeleichtesten, wenn sie ein schattiges Plätzchen bekommt. Sobald die Stecklinge oben herauswachsen, kann man davon

▸ ▾ Nachdem ich die Rolle in eine Wasserschale und an einen schattigen Platz gestellt habe (oben), bastele ich für weitere Stecklinge aus Styropor ein Seerosenblatt.

ausgehen, dass sie Wurzeln gebildet haben und eingetopft werden können.

Vorschlag 2: ein Schiffchen für die Stecklinge.
Styropor hat eigentlich im Garten nichts zu suchen. In diesem Fall jedoch gibt es keine großen Alternativen.

Zuerst schnitze ich, damit es später nicht hässlich aussieht, ein Stück Styropor so zurecht, dass es die Form eines Seerosenblattes bekommt. Nun bohre ich noch ein paar Löcher hinein – für die Stecklinge. Diese werden jetzt nämlich durch die Platte gezogen, so dass sie unten herausgucken. Schließlich muss ich mir nur noch einen Teich oder eine Wasserschale suchen, auf der das ungewöhnliche Seerosenblatt schwimmen kann. Der Vorteil dieser Konstruktion: Die Stecklinge sind ständig feucht, leben in einem guten Klima mit gleichmäßiger Temperatur. Unter diesen Voraussetzungen werden sie sehr schnell anwurzeln. Wenn es so weit ist, sollte man das Styropor vorsichtig zerbrechen, damit Pflanze und Wurzel nicht beschädigt werden. Die Reste des Kunststoffs entsorgen Sie bitte feinsäuberlich in der gelben Tonne.

Peter Rasch
ERSTE HILFE KASTEN FÜR DEN GARTEN

DER ERSTE-HILFE-KASTEN
für den Garten

Ist das schön, wenn im Frühjahr alles wächst und gedeiht! Aber meist sind schnell auch die ersten Blattläuse da. Zum Glück habe ich meinen „Erste-Hilfe-Kasten" für den Garten.

Was ist drin im Erste-Hilfe-Kasten? Eine Grundausstattung an selbstgesammelten und getrockneten Wildkräutern, mit denen ich mir eine Jauche anrühren kann – gegen Schädlinge und zur Pflanzenstärkung. Ackerschachtelhalm, Brennnessel, Holunderblätter und Farnkraut gehören bei mir unbedingt in den Notfallkoffer. Ich sammele sie, trockne sie und fülle sie dann in Papiertüten. Auf diese Weise halten sie sich auch noch bis ins nächste Jahr – wobei Sie die Tüten gut beschriften sollten, damit Sie genau wissen, was sie enthalten.

Meist ist es ja so, dass man erst, nachdem man die Schädlinge entdeckt hat, losläuft und Wildkräuter sucht – und dann keine findet. Deswegen ist es gut, einen Erste-Hilfe-Kasten zu haben. Dann kann man gleich loslegen.

Die Dosierung ist ganz einfach, 10 Gramm Kräuter kommen in einen Liter Wasser. Unsere Helfer einen Tag in Wasser einweichen und danach die Jauche 1:10 verdünnen. Bei Ackerschachtelhalm würde ich die Brühe zudem einmal 30 Minuten köcheln lassen, damit sich die wertvolle Kieselsäure besser herauslöst.

Bleiben wir beim *Ackerschachtelhalm*: Er wächst in feuchten Gräben, auf Wiesen und Ödland, aber nur in sauren, lehmigen Böden. Das Kraut enthält einen hohen Anteil an Flavonoiden, Schwefel, Mineralstoffen wie Kalium, Spurenelementen, organischen Säuren und wasserlösliche Kieselsäure. Diese stärkt das

▾ Aus getrockneten Wildkräutern und Wasser entsteht mit wenig Aufwand ein Sud, der Blattläusen nicht gefällt.

▲ Ackerschachtelhalm, Farnkraut, Brennnessel und Holunder (von oben links nach unten rechts) eignen sich alle für meinen Erste-Hilfe-Kasten.

Blattgewebe und die Zellwände von Gemüse, Kräutern und Rosen. Durch die Einlagerung von Kieselsäure werden die Fresswerkzeuge von Schädlingen stumpf. Die Säure ist auch verantwortlich dafür, dass Pilze von der Pflanze abgewehrt werden können. Der Ackerschachtelhalm ist folglich ein gutes Mittel gegen Sternrußtau, Mehltau, Blattläuse, Spinnmilben und Schorf. Das Kraut muss allerdings früh im Jahr geerntet werden. Im Herbst enthält die Pflanze fast nur noch wasserunlösliche Kieselsäuren und ist nicht mehr sehr wirksam.

Das *Farnkraut* ist eine der ältesten Pflanzen der Welt. Adlerfarn und Wurmfarn enthalten in geringen Mengen giftige Phloroglucinderivate, Bitter- und Gerbstoff sowie Öl. Diese Stoffe sind bei normaler Dosierung aber ungefährlich. Andererseits sind sie Ursache dafür, dass man am Wurmfarn kaum Schädlinge findet. Ein

▸ Die getrockneten Kräuter bewahre ich in gut beschrifteten Papiertüten auf.

Sud aus Farnkraut eignet sich wunderbar zur Abwehr von Schnecken, Blut- und Schildläusen: Zudem bietet er bei Mangel an Kali und Spurenelementen einen vortrefflichen Zusatz für den Komposthaufen.

Für den nächsten Kandidaten brauche ich Handschuhe. Die ***Brennnessel*** ist ein ideales Bekämpfungsmittel gegen Blattläuse und Spinnmilben und zugleich ein Stärkungsmittel für die Pflanzen. Das Kraut enthält viel Eisen und andere Mineralstoffe, Flavonoide, Karotinoide, Vitamine A und C, Phosphor, Kalium sowie Stickstoff. 40 Prozent von Letzterem sind Ammoniumstickstoff, der schnell für Pflanzen verfügbar ist. Auch die Brennnessel enthält Kieselsäure. In ihren Brennhaaren finden sich Amine. Diese fördern die Grünbildung der Blätter. Besonders das Frühjahr ist ein guter Zeitpunkt, die Brennnessel zu ernten. Bevor sie blüht, steckt in den jungen Trieben am meisten Kraft. Es reicht übrigens, wenn Sie Ihren Sud 1:20 verdünnen.

Beim ***Holunder*** enthalten Blätter, Rinde und die unreifen Früchte ein Blausäure abspaltendes Glykosid. Der Sud der Holunderblätter wirkt vorbeugend gegen den Kohlweißling. Und wenn man ihn in die Gänge von Wühlmaus, Maulwurf oder Ameisen gießt, vertreibt das die ungeliebten Gartenbesucher. Früher hat man auch Holunderzweige in Tür- und Fensterrahmen gehängt, um Insekten vom Haus fernzuhalten.

Tipp: **Die getrockneten Kräuter können im Winter auch Zimmerpflanzen helfen und stärken.**

SUPERFOOD ZWIEBELN

Wenn Sie Zwiebeln im Garten haben, dann brauchen Sie keine Goji-Beere, keine Chia-Samen oder andere laut angepriesene, angeblich die Gesundheit fördernde Wundermittel. Die Zwiebel hat so viele wertvolle Inhaltsstoffe, dass sie sogar zur Heilpflanze des Jahres 2015 gekürt wurde.

Zwiebeln kennen viele als Hausmittel bei Erkältungen und Entzündungen. Vitamine, Spurenelemente, ätherische Öle und Flavonoide im heimischen Superfood stärken aber auch Muskeln, Nerven, Knochen, Zähne oder das Herz-Kreislauf-System und regulieren den Blutzucker.

Zwiebeln kann man also gar nicht genug im Garten haben. Das Schöne ist: Die Sortenauswahl ist groß und die Ansprüche sind klein – ein ideales Gemüse. Die Frage ist nur, welche Steckzwiebel nehmen wir?

Die ***Schalotten*** sind meine persönlichen Lieblinge – schwer zu schälen, aber unglaublich lecker. Deshalb sind sie wohl auch in der französischen Küche sehr verbreitet. Zudem kann man das Lauch der Schalotten bestens verarbeiten.

Der Klassiker, die ***Stuttgarter Riesen***, sind sehr gut lagerfähig und anspruchslos. Bei dieser Sorte handelt es sich um eine sogenannte Winterzwiebel, die man auch schon im Herbst stecken und dann früher als andere Artgenossen ernten kann.

Die ***birnenförmige Zwiebel*** – sie ist wirklich sehr süß. Wer Zwiebeln nicht so gerne mag, sollte auf jeden Fall zu dieser Sorte greifen. Im Abgang ist sie allerdings doch sehr bissig.

Die Zwiebeln stecke ich in leicht mit dem Grubber aufgelockerte Erde.

Und natürlich die ***Roten Zwiebeln***: Beim Ertrag sind sie nicht die Spitzenreiter. Aber im Salat und in vielen anderen Gerichten machen sie sich besonders gut. Das Auge isst ja mit.

Zum Stecken brauchen wir nicht viel Vorbereitung. Eine Zwiebel ist wirklich anspruchslos. Sie ist ein Schwachzehrer, folglich das letzte Glied in der Vier-Felder-Wirtschaft. Wichtig allerdings: In den vergangenen zwei Jahren dürfen keine Zwiebeln an der ausgewählten Stelle gestanden haben. Die Erde sollte leicht durchgegrubbert werden. Kompost ist nicht nötig, kein Dünger: Einfach die Zwiebel einpflanzen, fertig. Am besten gedeihen Lauchgewächse übrigens an einem warmen, sonnigen Standort.

▾ Vor dem Stecken sollte man die kleinen Zwiebeln einen Tag in Wasser legen (oben rechts). Für das Einpflanzen verwende ich verschiedene Hilfsmittel: die mit Gartenschlauchresten bestückte Harke, Bohrer, Schrauben, Korken und eine Holzlatte.

Der Abstand zwischen den Zwiebelreihen sollte 10 bis 15 Zentimeter betragen. Wenn Sie keinen Markeur oder Reihenzieher haben, können Sie einfach zehn Zentimeter lange Reste von einem Gartenschlauch auf die Harke stecken und damit die Reihen ziehen.

Der richtige Abstand in der Reihe beträgt je nach Sorte etwa 10 Zentimeter, die Stecktiefe ungefähr 5 Zentimeter. Damit die Zwiebelchen im Boden bleiben, können Sie diese vor dem Stecken einen Tag lang in Wasser legen. Im Boden quellen sie sonst durch die Feuchtigkeit schnell auf und drücken sich dann manchmal nach oben.

Für den perfekten Abstand in der Reihe habe ich einer Kollegin einen besonderen Trick abgeguckt. Dafür brauche ich eine Holzlatte, eine Handvoll Schrauben und Weinkorken. Wenn Sie keine Korken haben, können Sie auch Aststückchen nehmen oder einen alten Besenstiel zersägen. Hauptsache, das Material hat ungefähr den Durchmesser ihrer Steckzwiebeln.

Die Korken werden im gewünschten Pflanzabstand auf die Latte geschraubt. Im Beet wird die Konstruktion nun in die Erde gedrückt. Reicht die Länge der Latte nicht, dann einfach neu ansetzen, und zwar mit dem ersten Korken am letzten vorher ins Beet gepressten Loch. Auf diese Weise erhalten Sie schön gleichmäßige Pflanzabstände.

‣ Die mit Korken versehene Holzlatte ermöglicht es mir, schnell den richtigen Abstand für die zu pflanzenden Zwiebeln festzulegen. Nach etwa vier Wochen ist der Erfolg der Arbeit bereits offensichtlich (unten).

DAS AUGE ISST MIT –
wenn der Schnittlauch blüht

Ab Ende April beginnt in den Gärten der Schnittlauch wunderschön rosa-violett zu blühen. Viele stellen sich dann die Frage, ob die Gewürzpflanze in diesem Zustand überhaupt essbar ist. Die Antwort ist eindeutig: Der Geschmack und die Konsistenz des Schnittlauchs verändern sich während und nach der Blütephase zwar, aber essen kann man ihn trotzdem.

Einmal im Jahr wachsen kleine mit einer Knospe besetzte Halme tief aus den grasähnlichen Büscheln des Schnittlauchs empor. Je größer sie werden, desto dicker und auch fester bilden sich die Knospenhalme aus, an deren Ende dann die dicke Blüte sitzt. Diese Halme könnte man zwar immer noch essen, sie sind jedoch hart, holzig und bitter im Geschmack. Den gesamten Rest der Pflanze aber können Sie wie gewohnt ernten. Feinschmecker merken, dass der Schnittlauch nun etwas milder wird. Die Ursache dafür: Die Pflanze steckt ihre Kraft in die Blüten und die Samenbildung. Wer möchte, kann den Schnittlauch in dieser Phase auch einmal komplett zurückschneiden und ihn neu austreiben lassen.

Tipp: Weil die Blüte bei Insekten so beliebt ist, sie bitte vor dem Verzehr auf Krabbeltierchen untersuchen. Sonst erhalten Sie schnell einmal eine kostenlose Proteinbeilage.

Die Blüten des Schnittlauchs sind nicht nur äußerst dekorativ und beliebt bei den Bienen, sondern auch vitaminreich. Sie können bedenkenlos gegessen werden. Besonders schön sehen sie als Dekoration für Cocktails, Fruchtsäfte und Smoothies aus. Aber auch auf Salaten, belegten Broten, deftigen Suppen oder Fleischgerichten sind sie der Hingucker. Sie schmecken viel leichter und sanfter als die Halme, sind ein bisschen süß im Abgang.

Es sieht nicht nur gut aus, sondern ist auch gesund: ein Brot mit Schnittlauch und Tomaten aus dem eigenen Garten.

WAS PASSIERT MIT FRÜHBLÜHERN SPÄTER

Pflanzzeit für die Sommersaison. Die Dahlien warten, aber die Tulpen und Osterglocken stehen noch im Weg. Was machen wir mit ihnen, sollen wir sie herausreißen oder im Beet lassen?

Die abgeblühten ***Tulpen*** sehen nicht mehr sehr einladend aus. Aber ich darf sie auf keinen Fall einfach abschneiden. Die Zwiebeln müssen Kraft tanken, sie legen ein Nährstoff-Depot an, damit die Pflanze im nächsten Jahr wieder richtig blühen kann. Hier gibt es nur eine Lösung: ausputzen oder rausnehmen.

Die verletzlichen Zwiebeln abgeblühter Tulpen sollte man am besten mit reichlich Erde aus dem Beet nehmen.

Beim Ausputzen befreien wir die Pflanzen von gelben Blättern und alten Blütenständen. Sonst würden sie jetzt mit viel Energie Samen produzieren. Alles, was grün ist, belassen wir, es dient der Photosynthese. So kann die Zwiebel bis in den Sommer die Energie der Sonne speichern.

Wenn Sie Platz brauchen, zum Beispiel für Sommerblumen, können Sie die Frühblüher jetzt schon aus dem Beet nehmen. Alle paar Jahre müssen die Tulpen sowieso herausgeholt werden, weil sich ihre Zwiebeln immer tiefer in die Erde schieben. Passen Sie auf, dass möglichst viele Blätter an den Zwiebeln bleiben. Deshalb lieber mit der Grabegabel als mit dem Spaten arbeiten. Tulpenzwiebeln sollten Sie ohnehin behandeln wie rohe Eier. Am besten nehmen Sie sie mit reichlich Erde aus dem Beet. Das schützt vor Beschädigung und hält die Feuchtigkeit.

Die herausgenommene Pflanze einfach abzuschneiden und wegzupacken wäre ein großer Fehler. Dazu ist es noch zu früh. Wir schlagen sie deshalb in einer Kiste mit Blumenerde ein. Dann können wir sie gut gießen und sie trocknen nicht aus. Zudem

Die herausgenommenen Tulpenzwiebeln bewahre ich in einer Kiste mit Blumenerde an einem schattigen Platz auf, bis das Laub der Pflanze ganz abgestorben ist.

Dort, wo eben noch die Krokusse geblüht haben, mähe ich erst einmal nicht – noch steht ja das Grün der Pflanze.

sollte man einen nicht zu dunklen, aber auch vor der prallen Sonne geschützten Ort suchen. So können die Tulpen in aller Ruhe ihr Laub einziehen. Die Blüten sollten Sie allerdings vorher abschneiden, die kosten auch hier nur Kraft.

Bei den ***Osterglocken*** verhält es sich ähnlich. Auch bei ihnen sollten die Blüten entfernt werden. Wenn die Blätter dann aber vor sich hinwelken und herunterhängen, sieht das nicht schön aus. Mein Trick: Ich flechte kleine Narzissen-Zöpfe, fixiere sie mit einem Draht – fertig! So können sie wie kleine grüne Skulpturen langsam die Vegetationsphase beenden und fallen zwischen den

◂ Verwelkte Osterglocken sind nicht schön. Aber das noch stehende Grün „tankt" Sonne für die Pflanze.

◂ Deshalb schneide ich die Blüten ab und flechte vom Rest kleine Narzissen-Zöpfe.

neuen Kulturen fast nicht mehr auf. Diese Methode hat noch einen Vorteil: Die zusammengebundenen Narzissen lassen sich später relativ einfach abernten.

Auch die ***Krokusse*** im Rasen brauchen ihr Grün – am besten deshalb um sie herum mähen.

Was Sie unbedingt anfertigen sollten: Fotos vom Beet. Das geht schneller als das Zeichnen aller Kulturen ins Gartenbuch. Auf diese Weise wissen Sie, wo was gestanden hat, und können im Herbst die Lücken auffüllen.

Peter Rasch
8 Gladiolus
1 Dahlia
Sights of Summer I
8 Gladiolus
Prinses Margaret Rose 12/14
8 Gladiolus
Praha 12/14
1 Dahlia
1 Dahlia
Sights of Summer I
BBB
GEBR. BALTUS
APELDOORN - VAASSEN

DAS SOMMERBLUMENBEET
zeitig vorbereiten

Wenn die ersten Gemüseaussaaten im Boden sind, können wir auch schon an die Blütenpracht für den Sommer denken. Ich brauche immer ein bisschen Farbe im Garten. Für Studentenblumen, Zinnien und Astern ist es vor den Eisheiligen im Mai noch zu zeitig. Aber Dahlien, Gladiolen, Freesien, Lilien oder Prachtscharten können schon früh gepflanzt werden. Am besten an einen sonnigen Standort, das lieben die Sommerblumen nämlich.

So ein Sommerblumenbeet sieht nicht nur gut aus, es lockt auch viele Nützlinge an: Falter, Bienen, Hummeln und damit genau die Insekten, die wir in unserem Gemüsegarten für die Bestäubung brauchen.

Die meisten Sorten haben als Zwiebeln überwintert und können jetzt bedenkenlos in den Boden gesetzt werden, vorausgesetzt, wir beachten ein paar Dinge.

Die Triebspitze muss immer nach oben zeigen, die Wurzel nach unten. Das hört sich selbstverständlich an, aber bei manchen Zwiebeln ist man gezwungen, genau hinzugucken.

Beim Einpflanzen von Blumenzwiebeln müssen die Triebspitzen nach oben weisen.

Bei der Bodenvorbereitung sollten Sie keinen frischen Mist verwenden, sondern ein bisschen Kompost – und Hornspäne, um das Wachstum anzuschieben. Ganz wichtig ist auch: Staunässe mögen die Zwiebeln gar nicht. Wenn Sie schweren Boden haben, geben Sie am besten immer ein bis zwei Pflanzschaufeln Kies unter die Zwiebel, das sollte sie vor Fäulnis schützen.

Entfernen Sie die trockenen Schalen, verbessert das die Wasseraufnahme und die Pflanzen wachsen schneller an.

Beim Pflanzen gibt es eine Faustregel: die Zwiebel sollte etwa doppelt so tief in den Boden, wie sie selbst dick ist.

Die Dicke der Zwiebel verdoppeln – und schon hat man das Maß, in welcher Tiefe sie in den Boden gepflanzt werden sollte.

Pflanzt man Sonnenblumen direkt an einem Zaun, kann man sie später leichter anbinden.

Auf diese Weise markiere ich mir, welche Farbe die Dahlien hatten.

Tipp: Wenn ich die Dahlienknollen vor dem Winter wieder ausgrabe, stecke ich noch im Beet eine Blüte in die holen Stengelenden, dann kann ich sie später in Ruhe nach Farben sortieren und beschriften.

Am besten machen Sie sich, bevor es ans Einpflanzen geht, einen Plan, wie Ihr Beet aussehen soll. Oder Sie legen die Zwiebeln einmal aus, damit sie sich besser vorstellen können, was später wo wachsen wird. Wenn man clever kombiniert, blüht das Sommerblumenbeet richtig lange - von Mitte Juni bis zum ersten Frost.

Ich pflanze meine Sommerblumen immer am Zaun entlang und fasse damit den ganzen Gemüsegarten ein. Diese Vorgehensweise ist auch deshalb praktisch, weil ich die Pflanzen, wenn sie später größer sind, am Zaun anbinden kann. So verhindere ich, dass sie schnell umkippen.

Der Marathonläufer unter den Sommerblumen darf nicht fehlen - die Dahlie. Sie ist anspruchslos und bildet fast den ganzen Sommer über immer neue Knospen, die dann aufblühen. Das Einzige, was Sie beachten müssen, ist die Wuchshöhe. Die kleinen Sorten kommen auf 25 Zentimeter, größere werden über einen Meter hoch. Das gibt uns die Möglichkeit, die Beete schön zu staffeln. Sollten die Dahlienknollen nach dem Winter etwas trocken aussehen, können Sie sie ruhig einen Tag in Wasser legen.

EINJÄHRIGE RANKPFLANZEN

Egal, wie nett der Nachbar ist – auf der Terrasse oder dem Balkon möchten wir unsere ungestörte Ecke haben, in der uns niemand auf den Teller guckt. Sichtlücken kann man einfach grün zuwuchern lassen. Das geht mit mehrjährigen Pflanzen wie wildem Wein, Efeu, Kletterhortensie oder Knöterich. Wer jedoch auf Blütenpracht steht, für den eignen sich eher die einjährigen Rankpflanzen. Sie wachsen sehr schnell in die Höhe, blühen meist kräftig den ganzen Sommer über und liefern so auch den nützlichen Insekten Nahrung.

▾ Sie schützen vor störenden Blicken und ziehen gleichzeitig die Blicke auf sich: die Schwarzäugige Susanne (oben) und die Ipomoea (unten).

Die ***Schwarzäugige Susanne*** blüht besonders schön und wirkt ein bisschen wilder als andere Ranker. Die Pflanzen gibt es in verschiedenen Farbtönen, so dass man sehr hübsch mit ihrer Zusammenstellung spielen kann. Gelb und Orange zum Beispiel sehen wunderbar miteinander aus.

Ipomoea, auch ***Trichter- oder Prunkwinde*** genannt, schickt in der Saison jeden Tag gleich mehrere neue Blüten an den Start, die aussehen wie kleine Grammophon-Trichter in Weiß, Lila oder Blau.

Der ***Rosenkelch*** ist ein eher schlankes Gewächs, das man prima an Säulen emporwachsen lassen kann. Die Pflanze wird bis zu vier Metern hoch. Ihre violetten, glockenförmigen Blüten sind richtige Hingucker. Deshalb auch ihr zweiter Name: ***Purpurglöckchen***.

Die ***Duftwicke*** macht ihrem Namen mit ihren herrlich duftenden Blüten alle Ehre. Sie wächst schnell und bildet in kurzer Zeit eine grüne Wand mit vielen kleinen Farbflecken.

Wenn Sie pflanzen, sollte der Kübel schön groß sein. Platz für mindestens 40 Liter Erde ist nötig. Will man, dass die Pflanzen üppig wachsen, brauchen sie Raum für die Wurzeln. Gleichzeitig ist der Kübel ein Gegengewicht,

▲ ▼ Auch für Rosenkelch (oben links) und Duftwicke (rechts) gilt: Kübel, in die sie gepflanzt werden, sollten groß sein.

das verhindert, dass Ihre grüne Wand beim ersten Unwetter umkippt. Auch aus diesem Grund: lieber ein größeres Behältnis kaufen!

Als Substrat nehmen Sie am besten eine gute Blumenerde. Schon beim Pflanzen können Sie das erste Mal düngen, denn Kletterpflanzen sind Starkzehrer. Auch später brauchen sie regelmäßig etwas Zusatznahrung.

▸ Ein Rankgerüst ist schnell gebaut, zumal es keinen Schönheitswettbewerb bestehen muss. Einige quer gespannte Drähte geben der Pflanzen zusätzlich Halt (unten).

Um in die Höhe zu wachsen, benötigen die Pflanzen natürlich etwas Hilfe.

Ein einfaches Rankgerüst ist aus ein paar langen Ästen und etwas Draht oder Gartenschnur schnell gebaut. In 3 bis 10 Minuten hat man das erledigt. Die Konstruktion muss ja kein Kunstwerk werden, da sie bald ohnehin nicht mehr zu sehen ist. Spannen Sie zudem quer ein paar Drähte oder Schnüre, haben es die Pflanzen noch leichter. Wer nicht jedes Jahr basteln möchte, kann sich einfach eine stabile Rankhilfe kaufen.

Bei guter Pflege haben die einjährigen Pflanzen in zwei bis drei Wochen ihr Rankgerüst komplett erklommen. Auch wegen einer Unterbepflanzung brauchen Sie sich keine Gedanken zu machen: Die Töpfe werden bei den meisten Sorten schnell und schön überwuchert.

Kräuter, Früchte und überraschende Knollen

KARTOFFELTOMATE

Kartoffel und Tomate sollten im Garten nicht zu dicht beieinander stehen. Sie gehören zur selben Pflanzenfamilie, den Nachtschattengewächsen. Zwischen ihnen können sich schnell Krankheiten übertragen. Aber wenn man die beiden kombiniert und eine Pflanze daraus macht, dann geht es richtig zur Sache. Das wäre es doch: oben Tomaten, unten Kartoffeln – an einer Pflanze.

Will man überprüfen, welche Kartoffel- und Tomatensorten gut miteinander harmonieren, sollte man die Töpfe mit den verschiedenen Kombinationen gut beschriften.

Als Erstes brauchen wir eine kräftige kleine Kartoffelpflanze. Dafür können Sie sich auch ruhig ein oder zwei Kartoffeln aus dem Beet klauen. Die sind dann schon vorgekeimt. Ich habe in den letzten Jahren gute Erfahrungen mit Bamberger Hörnchen gemacht. Aber probieren Sie ruhig verschiedenen Sorten aus.

Die Kartoffeln werden flach in einen Topf gepflanzt und an das Fenster gestellt. Bei solchen Versuchen ist es natürlich sinnvoll, die Kombinationen genau zu beschriften. Dann wissen Sie später, bei welchem Kartoffel-Tomaten-Team es gut lief.

Nach etwa 14 Tagen sind aus den Knollen kräftige Pflanzen geworden. Nun kann

▲ Nach zwei Wochen kann man an das Veredeln gehen und die Pflanzen mit einem sauberen Messer beschneiden

es auch schon ans Veredeln gehen, es fehlt nur noch die passende Tomate. Ob Dasher, Solena oder Piccolino – auch hier können Sie ein bisschen herumprobieren. Am besten nehmen Sie aber kleine Kirsch- oder Cocktailtomaten, bei ihnen hat man den größten Erfolg.

Die ehemalige Pflanzkartoffel können Sie vorsichtig herausdrehen, die brauchen wir nicht mehr. Dann schneiden wir den Stängel ein paar Zentimeter über dem Boden ab. Scharf und vor allem gereinigt sollte Ihr Werkzeug sein. Schließlich führen Sie eine Pflanzenoperation durch. Machen Sie einen sauberen, etwas schrägen Schnitt, 3 bis 4 Zentimeter über dem Wurzelballen. Ist die Kartoffel richtig kräftig ausgetrieben und zeigt ganz viele Triebe, lassen wir trotzdem nur einen stehen.

Jetzt endlich geht es ans Veredeln. Kopfstecklinge sind oft sehr dünn, die Sprossachse der jungen Kartoffel hingegen ist relativ stark. Beide passen folglich

▸ Die zusammenoperierten Teile der Pflanzen werden mit einer Klammer fixiert. Das Ganze schütze ich schließlich mit einem Glas.

nicht gut zueinander. Ich habe die besten Erfahrungen mit Teilstecklingen gemacht. Diese bestehen aus einem Stück Sprossachse samt einem Blattansatz. Auch hier muss natürlich das Blatt komplett entfernt werden. In den Blattachsen befinden sich immer schlafende Augen, genau dort, wo die Geiztriebe entstehen. Zeigt sich dort schon ein kleiner Trieb, ist das optimal.

Ein winziges Stück reicht, um Kartoffel und Tomate zu verheiraten. Für das Zusammensetzen sollten Sie sich ein bisschen Zeit nehmen. Die Schnittstellen müssen wirklich sauber aufeinander sitzen. Die beiden Teile werden mit einer Wäsche- oder einer Veredelungsklammer fixiert. Ich kann Ihnen versprechen: Bei jeder Pflanze, die Sie veredeln, wird es einfacher – es ist eine reine Übungssache.

Am Ende kommt Ihre Kreation wieder auf die Blumenbank, wobei sie angegossen werden muss. Warten Sie, bis die Pflanze etwa 15 Zentimeter hoch gewachsen ist. Anfangs sollten Sie das frisch operierte Pflänzchen mit einem Glas oder einer Folie abdecken. Wenn von unten noch neue Kartoffeltriebe nachkommen, diese alle wegschneiden und nur die Tomate stehen lassen.

Ist alles gut zusammengewachsen, kann die Kartoffel-Tomate in den Garten oder in den Kübel auf Terrasse beziehungsweise Balkon. Gerade wer wenig Platz hat, freut sich über Kartoffeln und Tomaten auf kleinem Raum. Der Kübel sollte aber mindestens 40 Liter Fassungsvermögen haben. Auch im Freiland zeigt die veredelte Tomate ihre Stärken, bringt sie doch in der Regel 30 bis 40 Prozent mehr Ertrag.

Tipp: Den Kopf der Tomatenpflanze, aus der sie den Steckling gewonnen haben, können Sie noch einmal ins Wasser stellen. Der bewurzelt wieder.

Peter

Rasche Gartenregel Nr. 6

Gegen fast alles ist ein Kraut gewachsen.

Thema Unkraut! Was bedeutet dieses Wort eigentlich? Doch nur, dass etwas wächst, was wir nicht gesät haben und an dieser Stelle nicht schön finden. Manchmal handelt es sich natürlich auch um Nahrungskonkurrenten für unsere Kulturen. Aber viele der wilden Kräuter, wie ich sie lieber nenne, haben ihren Sinn. Sie haben heilsame Wirkungen, die wir einfach nur vergessen haben. Manche kann man vortrefflich für den biologischen Pflanzenschutz einsetzen. Andere wieder helfen Bienen, Schmetterlingen oder Vögeln zu überleben und bieten ihnen Unterschlupf. Für mich ist ganz klar: Auch den Wildkräutern gehört ein Platz in unseren Gärten. Sie müssen ja nicht überall wachsen. Aber eine Ecke für Brennnessel, Schachtelhalm & Co. gehört für mich zu einem nachhaltigen Garten.

NÜTZLICHE KRÄUTER

Beim Hacken eines Beetes erwischt es meist auch die Wildkräuter. Dabei kann es durchaus sinnvoll sein, sie stehen zu lassen und zu nutzen. Wenn man sich nämlich einmal richtig mit ihnen beschäftigt, stellt man fest, dass gegen fast alles ein Kraut gewachsen ist.

Spitzwegerich und *Breitwegerich* zum Beispiel helfen bestens nach Insektenstichen. Zerdrücken Sie einfach ein paar Blätter mit den Fingern, so dass Saft austritt, und reiben die Stelle ein, an der Sie gestochen wurden. Linderung tritt ziemlich schnell ein.

Hirtentäschel ist ein universelles Kraut. Bei hohem und bei niedrigem Blutdruck wirkt es regulierend. Und wenn Sie sich bei der Gartenarbeit geschnitten haben, ist Hirtentäschel ein guter Blutstiller. Es kann getrocknet oder frisch auf die Wunde gelegt werden. Als Tee senkt Hirtentäschel Fieber, lindert Gicht, Rheuma und Magenschmerzen. Es lohnt sich also, das unscheinbare Kraut zu sammeln.

Schafgarbe blüht überall am Wiesenrand. Sie wird gerne von Floristen verarbeitet, weil sie in der Vase sehr lange haltbar ist. Aber das Kraut bietet auch noch andere Vorteile: Wenn man sich beim Blumen-Pflücken einen Sonnenbrand geholt hat, dann ist Schafgarbe ein gutes Mittel gegen die schmerzende Haut: den Korbblütler aufkochen, zehn Minuten ziehen lassen und dann den Sud ins Badewasser gießen. Die entzündungshemmende Wirkung lindert das Leid.

Den *Ackerschachtelhalm* gab es schon lange vor den Dinosauriern. 400 Millionen Jahre alt

▸ Spitzwegerich, Hirtentäschel und Schafgarbe gehören zu den heilenden Kräutern.

▸ Der Ackerschachtelhalm hilft nicht nur gegen Nierenerkrankungen.

ist er – und eines der stärksten Heilkräuter. Als Tee aufgebrüht, reinigt er die Nieren. Lässt man ihn 20 Minuten köcheln, löst sich die biologisch verwertbare Kieselsäure. Der dadurch gewonnene Sud unterstützt den Aufbau von Knochen, Haut, Haaren, Nägeln, Bindegewebe und Gelenkschmiere.

Jeder sollte froh sein, wenn er ***Brennnesseln*** im Garten hat. Nicht umsonst haben sie ihre Brennhaare. Denn sonst wäre die Pflanze schon ausgerottet wor-

▸ Aus Brennnesseln zubereiteter Tee wirkt vitalisierend – auch bei der Gartenarbeit.

Während der Beifuß (oben) die Verdauung anregt, nutze ich den Giersch für einen erfrischenden Sommertrunk.

den, weil sie derart viele positive Eigenschaften hat. Gerade wenn man erschöpft ist, wirkt ein Brennnessel-Tee vitalisierend. Danach geht die Gartenarbeit wieder besser von der Hand. Brennnessel-Tee ist außerdem blutreinigend und entschlackend, hilft bei rheumatischen Beschwerden und regt die Bauchspeicheldrüse an. Die Samen der Pflanze sollen wie Ginseng leistungssteigernd wirken und die Potenz anregen. Deshalb waren Brennnesseln im Mittelalter für Mönche und Nonnen verboten.

Der ***Beifuß*** gilt als die Mutter aller Kräuter. In der Küche verarbeitet man ihn als Gewürz bei fettem Essen, Stichwort: Weihnachtsgans. Er regt die Bauchspeicheldrüse an. Dadurch wird alles besser verdaut. Bei Appetitlosigkeit hilft der Beifuß auch. Allerdings sollte man ihn nicht dauerhaft anwenden. Er hat tatsächlich eine starke Wirkung.

Giersch ist ein Wildkraut, nicht unbedingt ein Heilkraut. Es ist zwar ein bisschen hart, aber trotzdem als Erfrischung ideal. Einfach zehn Giersch-Blätter in einer Karaffe mit Apfelsaft aufgießen und drci Stunden stehen lassen – fertig ist ein belebendes Sommergetränk.

Peter Rasch

GRÜNE SMOOTHIES

Wenn wir Möhren essen, beschränken wir uns zumeist nur auf die Wurzel. Ein Großteil der Pflanze landet dagegen oft direkt auf dem Komposthaufen. Nicht nachvollziehbar, denn das Kraut enthält viele wertvolle Inhaltsstoffe. Außerdem hat das Laub ein sehr intensives und angenehmes Aroma. Zu schade also, es wegzuwerfen.

Zum Möhrenkraut nehmen wir noch Brennnessel, Vogelmiere und Giersch dazu. Die finden Sie im Spätsommer reichlich im Garten. Bei der Brennnessel sollten Sie darauf achten, dass sie frische Triebe wählen, die sind bekömmlicher und lassen sich auch leichter ernten. Trotzdem: Handschuhe anziehen!

Was machen wir nun mit dem ganzen Grünzeug? Möhrenkraut ist etwas zu fest, um es roh zu essen. Aber es ist sehr gesund: viel Chlorophyll, viele Vitamine und viele Faserstoffe, die dem Darm gut tun – eine herrliche Zutat für einen schönen Drink nach Gärtnerart.

Wichtig ist, dass Sie nur eigenes Grünzeug oder das vom Bio-Gemüse verwenden. Nicht dass Sie sich mit irgendwelcher Chemie vergiften. Auf jeden Fall sollten Sie alles gründlich waschen. Wenn der Smoothie zwischen den Zähnen knirscht, ist das auch nicht so lecker.

Unser Vitamindrink ist sehr wildkräuterlastig: Vogelmiere, Giersch

‣ Sie sind Zutaten für ein gelungenes Smoothie: Möhrenkraut und Brennnessel.

Zu den Zutaten gehören auch ein Apfel, eine geschälte Zitrone und diverse Wildkräuter.

Vor dem Mixen sieht es so aus …

und Brennnessel haben wir schon als Beigaben erwähnt. Dazu nehmen wir noch ein bisschen Mangold, und – damit das Ganze ein wenig kräftiger wird – Grünkohl und ein paar Blätter vom Kohlrabi. Um das Getränk fruchtiger zu machen, werden ein ganzer Apfel mit Kernen und Gehäuse sowie eine geschälte Zitrone zugefügt. Ein daumengroßes Stück Ingwer gibt der Kreation eine leicht exotische Note. Auch ein kleiner Schluck gutes Leinöl kann nicht schaden – die gesunden Fette helfen, die wertvollen Inhaltsstoffe zu verwerten.

Das Ganze wird nun mit Wasser aufgefüllt und kräftig durchgemixt. Dafür brauchen Sie eine wirklich starke Küchenmaschine. Mit dem Pürierstab sollte man es gar nicht erst versuchen. Mindestens eine Minute mixen, besser zwei, und immer auf höchster Stufe. Nur so werden die Kräuter und Gemüse richtig zerkleinert und die gesunden Inhaltsstoffe frei. Das schöne Grün des Getränks kommt vom Chlorophyll. Und das wirkt entgiftend, reguliert die Verdauung.

Mit einem Wildkräuter-Smoothie ist es wie mit einem guten Wein, den stürzt man nicht einfach hinunter. Erst das langsame Genießen lässt einen alle wichtige Aromen schmecken. Und kauen hilft bei der Aufnahme der wertvollen Substanzen. Wenn sie das Rezept ausprobiert haben und das Ergebnis ist Ihnen ein bisschen zu herb, dann können Sie auch eine Banane oder eine Möhre (die Wurzel!) dazugeben. Wer es ein bisschen cremiger mag, der nimmt eine halbe Avocado. Alles ist erlaubt, nur schmecken soll's. Damit das grüne Lebenselixier noch besser mundet, können Sie es auch mit Saft oder Joghurt verfeinern.

◂ … Danach ist ein nicht nur gut aussehendes, sondern auch gesundes, erfrischendes Getränk entstanden.

Ein Smoothie hält sich zwei bis drei Tage im Kühlschrank. Meine Empfehlung: Trinken Sie ihn morgens anstelle des Kaffees. So ein Getränk weckt Sie besser als jeder Espresso. Gesundes Grünzeug mal ganz anders!

Fondazione Pol.i

APFELERNTE

Woran erkenne ich, dass meine Äpfel reif sind? Es gibt drei Kriterien, die uns anzeigen, ob es Zeit für die Ernte ist.

Nummer 1: der Geschmackstest – ganz einfach. Ist der Testapfel noch hart und sauer, bleiben die anderen Früchte hängen.

Nummer 2: der Drehtest. Wenn sich der Apfel nach einem leichten Drehen der Frucht ohne große Widerstände vom Baum löst, dann ist er bereit für den Verzehr. Müssen Sie hingegen noch richtig ziehen, sollten Sie ihn lieber noch ein wenig am Baum lassen.

Nummer 3: der Blick in das Innere. Wenn Sie den Apfel aufschneiden und feststellen, dass die Kerne schon leicht braun werden, sind die meisten Sorten reif für die Ernte.

Der perfekte Erntetag ist frostfrei und trocken.

Tafeläpfel, die Sie einlagern wollen, müssen wie rohe Eier behandelt werden. Sobald die Früchte Druckstellen bekommen, können Sie sie nur noch so schnell wie möglich aufessen. Deshalb hängt man sich beim Pflücken am besten einen Stoffbeutel um, in den die Äpfel vorsichtig und in kleinen Mengen hineingelegt werden.

Beim Einlagern ist zu beachten, dass die Äpfel nicht feucht sein dürfen. Aber begehen Sie nicht den Fehler, das Obst tro-

▸ Ob die Äpfel erntereif sind, kann man auf unterschiedliche Weise klären: mit einem Geschmackstest zum Beispiel oder dem Drehtest.

▲ Auch leicht braune Kerne (oben links) zeigen an, dass der Apfel reif ist. Beim Ernten sollte man vorsichtig mit den Früchten umgehen.

cken zu reiben, denn damit wird die natürliche Schutzschicht auf der Schale zerstört. Ist noch Feuchtigkeit vorhanden, sollten Sie die Ernte nochmals zum Trocknen ausbreiten.

Daraufhin kommen die Äpfel in eine Stiege, die möglichst mit etwas Papier ausgelegt sein sollte – bitte nicht mehr als zwei Lagen Früchte übereinander häufen. Stellen Sie die Stiege an einen kühlen, dunklen Platz und prüfen regelmäßig, ob etwas fault. Die Lagertemperatur sollte allerdings auf keinen Fall unter vier Grad sinken, denn auch der gepflückte Apfel lebt noch. Ist es zu kalt, erfriert er und verdirbt.

Eine gute Alternative zur Stiege ist eine Styroporkiste. Darin liegt das Obst relativ sicher vor Temperaturschwankungen. Bei dieser Art der Lagerung können in der Garage oder im Keller auch mal kurz Minusgrade auftreten, ohne dass die Früchte gleich hinüber sind.

▸ Neben der Steige ist eine Styroporkiste besonders gut für die Aufbewahrung von Äpfeln geeignet (oben). Auch hier sollte man die Früchte jedoch vorsichtig hineinlegen. Um Rückenschmerzen nach dem Sammeln des Fallobsts zu vermeiden, gibt es längst helfende Geräte (unten).

Richtig gelagert haben Sie bis zum Ende des Jahres etwas von Ihrer Ernte. Irgendwann wird aber selbst der schönste Apfel schrumpelig. Nur die Obstbauern schaffen es, die Früchte länger frisch zu halten. Sie haben die Technik, diese gezielt in den Winterschlaf zu versetzen. Dort werden sie bei genau 4 Grad Plus, in einer Atmosphäre mit wenig Sauerstoff, gelagert – und damit verlängert sich die Haltbarkeit bis tief ins nächste Jahr.

Wenn Sie Äpfel wie Fallobst gleich zu Saft oder Kompott verarbeiten, müssen Sie nicht so vorsichtig sein. Das Bücken nach jedem Apfel lohnt sich. Und es wäre wirklich schade, wenn etwas liegen bliebe. Zudem gibt es mittlerweile sehr praktische Helfer. Beispielsweise ein Gerät, das eher wie ein Riesenschneebesen aussieht. Es ist jedoch ein Apfelsammler. Und der funktioniert richtig gut. Ruck, zuck sind ein paar Quadratmeter Apfelwiese abgesammelt, ohne dass man den Rücken krumm machen muss.

Aus dem Obst Apfelsaft machen zu lassen, ist ja auch nicht mehr so mühsam wie früher. Über das ganze Land verteilt gibt es kleine mobile oder stationäre Saftpressen, die unsere Ernte ganz frisch verarbeiten können. Diese modernen Geräte holen aus zehn Kilo Äpfeln – je nach Sorte – bis zu sieben Liter Saft. Im Gegensatz zum Saftkocher wird dabei kalt gepresst. Der Abfüller erhitzt den Saft vor dem Abfüllen nur einmal kurz, um ihn keimfrei und haltbar zu machen. Das ist gut für den Geschmack und die Vitamine – also eine vorzügliche Möglichkeit, das Beste aus ihren Äpfeln über eine lange Zeit zu bewahren.

Tipp: **Für die Saftproduktion können Sie alle Äpfel verwenden. Gnubbel, Schorf oder kleine braune Stellen machen gar nichts. Nur faulige Äpfel dürfen nicht in die Presse. Die späten Äpfel bieten übrigens die beste Saftausbeute.**

Bunter Herbst – nahes Frühjahr

FELDSALAT IM HERBST

Wenn die Sommerkulturen abgeerntet sind, haben wir noch gut zwei Monate Zeit, etwas anzubauen. „Wo nichts wächst, wächst Unkraut" – das ist die ja schon aus dem ersten Band unserer Gartenbuch-Reihe bekannte rasche Gartenregel Nummer 2. Wir können selbst zu den kälteren Jahreszeiten hin ruhig noch einmal etwas ins Beet bringen – denn immer nur Gründüngung ist langweilig.

In einem Beet habe ich auf den freigewordenen Flächen zwar schon Phacelia (Gründüngung) ausgesät, aber im Nachbarbeet, wo die Sommerblumen standen, sollen jetzt Spinat und Feldsalat gedeihen. Der Herbstanbau dieser Kul-

◂ ▾ Um das Beet mit dem Saatgut leicht festzutreten, habe ich mir Bretter unter die alten Schuhe geschraubt.

turen ist relativ einfach. Das Saatgut wird gleichmäßig auf dem unkrautfreien Boden verteilt, eingeharkt und leicht festgetreten … ich habe mir dafür einfach ein Paar Bretter unter meine alten Gartenschuhe geschraubt – geht prima! Allerdings verlängert sich bei fünf Grad Nachttemperatur die Keimzeit auf ungefähr 20 Tage, es dauert also ziemlich lange.

Empfehlenswert ist beim Feldsalat eine frostunempfindliche Sorte wie „Vit" (Bild 1, Seite 106). Sie kann man bis zum März noch ernten. Und al-

HILD
Feldsalat
Vit
für Freiland und Gewächshaus
mehltautolerant
HILD
Spinat
Palco, F1
Mehltauresistenz 1-5, 8, 9, 11
1

2

3

4

5

6

7

8

les, was bis dahin nicht abgeerntet ist, grabe ich im Frühjahr einfach als Gründüngung unter. In der Zeit, bis der Feldsalat aufläuft, müssen Sie ein bisschen darauf achten, dass andere wilde Kräuter nicht schneller sind. Nach einem Monat wird das Beet dann pflegeleichter.

Um das Wachstum zu beschleunigen, können Sie das Saatgut vortreiben. Der Feldsalat braucht bei 20 Grad nur ungefähr acht Tage, bis er keimt.

Am besten geht das in kleinen Erdpressballen aus nährstoffarmer Anzuchterde. Die kann man kaufen, aber auch schnell selbst herstellen (Bio-Pflanzerde und Sand mischen, Bild 2). Ideal dafür sind entweder eine Papiertopfpresse (3) oder ein paar Legosteine (4). Die habe ich meinen Kindern gemopst, um eine kleine Presse zu bauen. Ähnliches gibt es natürlich auch im Fachhandel; selbst eine Konstruktion auszutüfteln, hat jedoch viel mehr Spaß gemacht.

Das einzufüllende Substrat muss schön feucht und klebrig sein. Dieses einmal kräftig zusammendrücken (5, 6). Pro Erdpressballen werden drei bis fünf Saatkörner eingesät.

Danach decke ich das Saatgut ab. Dafür nehme ich am liebsten Muschelsand (8), da wir nicht so viel Erde auf dem Saatgut brauchen. Auf einen leichten Bodenschluss kommt es an. Andrücken (9), ab ins Warme, angießen – fertig.

▲ Zum Schluss drücke ich die Erde in der Kiste leicht an.

◀ **Seite 106:** Saatgut, Erde, eine Papiertopfpresse oder gar Legosteine, etwas Muschelsand – mit ihrer Hilfe haben wir selbst im Spätherbst noch frischen Feldsalat auf dem Tisch.

Nach 14 Tagen können
die Pflanzen aufs Beet.

Eine kleine Folie oder eine Glasplatte auf der Kiste beschleunigt das Auflaufen der Salatpflanzen. Nach 14 Tagen sind die Pflanzen reif fürs Beet.

Und jetzt kommt der Clou: Die Erdpressballen werden nicht eingepflanzt. Sie werden nur auf den Boden gestellt. Die Wurzeln wachsen aus dem Erdball nach unten ins Beet. Natürlich nur, wenn Sie gut angießen. Das Verfahren bringt einen großen Vorteil: Die Pflanze steht ein paar Zentimeter über dem Boden. Wenn es regnet und der Sand hochspritzt, bekommt sie nicht viel davon ab. Bei der Ernte ziehen wir sie bloß ein bisschen in die Höhe und schneiden sie ab – eine ganz saubere Sache.

▲ Der Clou: Die Erdpressballen werden einfach nur aufs Beet gestellt – ein Vorteil, der auch für das Pflanzen im Hochbeet gilt (unten rechts).

Diese Art der Anpflanzung ist natürlich etwas aufwendiger und daher eher die Lösung für drei bis vier neue Reihen im Beet oder für kleinere Flächen im Garten, zum Beispiel auch für das Hochbeet. Wenn es mal richtig kalt wird, kommt zum Schutz der Deckel darüber – und wir haben wirklich den ganzen Winter über frischen Salat.

TEICHPFLEGE IM HERBST

Damit der Teich so schön bleibt, wie er ist, gibt es im Herbst eine Menge zu tun.

Wenn Sie Schilf, Gräser, Zyperngras oder Binsen am Teichufer zurückschneiden, lassen Sie ruhig 20 Zentimeter von den Halmen stehen. Dies hilft, das Ufer im Winter länger eisfrei zu halten.

Ein gesunder Rückschnitt der Wasserpflanzen ist wichtig. Die würden sich ohnehin zurückziehen, ins Wasser fallen und auf dem Boden absetzen. Eine Folge wäre: Der Nährstoffgehalt des Wassers steigt und es bilden sich Fäulnisgase. Das ist unter anderem nicht gut für unsere Fische – wird die Konzentration im Wasser zu hoch, werden sie vergiftet.

Auch wenn Laubgehölze am Teich stehen, die ihr Laub verlieren, lohnt ein rechtzeitiger Schnitt. Ich weiß, wenn ein Bäumchen in voller Pracht dasteht, greift man nur ungern zur Gartenschere. Unterlassen sie es jedoch, müssen Sie später jedes Blättchen mühsam aus dem Teich herausfischen. Bäume wie die Weide können im Herbst ohnehin etwas gestutzt werden. Weil sie zu dieser Jahreszeit kaum noch wachsen, stecken sie einen solchen Eingriff leichter weg. Und der Rückschnitt fördert die jungen Triebe.

Bei kleinen Teichen können Sie auch ein Netz gegen das Laub über das Wasser spannen.

Ansonsten heißt es im Herbst natürlich, alles, was an Laub in unseren Teich

▸ Schilf zurückschneiden, Laubgehölze stutzen, Algen und Laub abkäschern – so verhindern Sie zu viele Nährstoffe im Teich.

◂ Stark wuchernde Wasserpflanzen sollten zurückgeschnitten werden. Füllen Sie zudem den Teich mit frischem Wasser auf – am besten aber vorher eine Wasserprobe untersuchen lassen.

gelangt ist, mit dem Käscher herauszufischen. Bei dieser Gelegenheit kann man gleich die Algen mit beseitigen. Je kühler es wird, desto träger werden nämlich die sie abbauenden Mikroorganismen. Die Algen sinken auf den Boden und faulen.

Auch die Wasserpflanzen, die man in seinem Teich haben will, sollten zurückgeschnitten werden, falls sie sich zu sehr ausgebreitet haben.

Füllen Sie nach dem Sommer den Teich auf jeden Fall noch einmal mit frischem Wasser auf. Wichtig ist - wenn Sie ihr eigenes Brunnenwasser nehmen -, dass Sie es auf zu hohe Nitratgehalte prüfen. Gerade wenn Felder in der Nähe sind, enthält das Wasser oft zu viel Nitrat aus dem Dünger der Landwirtschaft. Das würde im Teich die Algenbildung fördern. Einen Test können Sie bei einem Zierfischhändler durchführen lassen, es gibt aber auch Sets zum Überprüfen im Handel. Sollte der Nitratgehalt zu hoch sein, nehmen Sie Leitungswasser zur Teichauffrischung. Das ist zwar teuer, spart aber in der Zukunft eine Menge Arbeit.

EM, die Effektiven Mikroorganismen, können beim Abbau organischer Substanzen helfen und somit für eine stabile Wasserqualität sorgen. Allerdings sollte das Wasser bei ihrem Einsatz nicht zu kalt sein. Die Temperatur sollte über 10 Grad Celsius liegen. Nur dann können die kleinen Helfer nämlich richtig arbeiten. Ausgebracht werden sie einfach mit der Gießkanne. Die Dosierung: ungefähr ein halber Liter pro Kubikmeter.

Halten Sie Fische im Teich, sollten Sie rechtzeitig das Füttern einstellen. Auch die Tiere sind, wenn es kälter wird, weniger aktiv und nehmen nicht mehr so viel Nahrung auf wie in der wärmeren Jahreszeit. Futter, das nicht verbraucht wird, stellt einen unnötigen Nährstoffeintrag dar und erzeugt zusätzliche Faulgase. Friert der Teich im Winter zu, können diese nicht entweichen – und die Fische drohen zu ersticken. Deshalb sollten Sie das Gewässer im Winter immer an einer Stelle offen halten. Das geht mit einem Eisfreihalter oder einem Stück Styropor. Kommt es doch zu einer geschlossenen Eisdecke, keinesfalls mit der Axt oder der Kettensäge ein Loch hineinhacken oder -schneiden. Durch die Vibrationen würden die Fische aus ihrer Winterruhe erwachen und dann meist sterben.

▲ Effektive Mikroorganismen, die ich mit der Gießkanne ausbringe, helfen, im Teich organisches Material abzubauen.

PFLEGELEICHTE WEGE

Ein Gärtner sollte früh daran denken, wo er im kommenden Jahr seine Beete anlegen will und wie er sich ohne Matsch und viel Arbeit zwischen seinen Kulturen bewegen kann. Hier gilt nun wirklich einmal: Der Weg ist das Ziel.

Gartenwege können zu einer Sisyphos-Arbeit werden: Unkraut zupfen, harken – und nächste Woche könnte man schon wieder ran. Das muss doch auch pflegeleichter gehen?! Und tatsächlich, es gibt eine Lösung.

Für einen weniger arbeitsaufwendigen Gartenweg brauchen wir zuerst einen passenden Rahmen. Wenn sie Wege mit Holz einfassen, sollten Sie eine stabile, haltbare Sorte verwenden. Ich greife gern auf die Reste von einer alten Bankirai-Terrasse zurück. Das recycelte Hartholz hält auch in einem feuchten Boden ein paar Jahre.

Die Bretter brauchen eine Verankerung in der Erde – das können angespitzte Latten oder Winkeleisen sein. Damit das Einsetzen der Begrenzung nicht zu mühevoll wird, ziehe ich mit der Harke vorher einen kleinen Graben, in den ich das Holz versenke. Die Oberkante der Bretter sollte sich knapp über dem sonstigen Gartenboden befinden.

Wer es richtig gerade haben will, muss eine Schnur spannen. Aber bei kurzen Wegen ist das nicht unbedingt notwendig. Wenn Sie später die Erde auffüllen und feststampfen, können Sie das Ganze noch einmal genauer ausrichten.

Der nächste Arbeitsschritt: Der Raum zwischen den Latten wird bis zur Oberkante mit

▸ Geharkte Wege (oben) müssen immer wieder von Unkraut befreit werden. Deshalb lohnt es sich, eine pflegeleichtere Konstruktion anzulegen. Und die beginnt mit dem Bau der Holzbegrenzung.

▲ Wenn die Holzeinfassung vollendet ist (oben rechts), kann ich den Rollrasen verlegen (oben links). Statt des Holzes kann man auch Stahlbleche verwenden (unten).

Gartenerde aufgefüllt. Durch leichtes Anstampfen setzt sie sich noch ein bisschen. Und dann kommt Rollrasen. Ich habe meinen Weg 58 Zentimeter breit angelegt – ein krummes Maß, das aber seinen Sinn hat. Es ist nämlich genau die Breite von meinem Rasenmäher. Auf diese Weise brauche ich im Sommer nur noch hin und wieder zu mähen und der Weg ist immer bestens gepflegt.

Wenn Sie keine zu Ihrem Rasenmäher passenden Rollrasen-Bahnen finden, verlegen sie den Rasen einfach quer. Sind Sie etwas geduldiger oder wollen Geld sparen, können Sie das Grün natürlich auch selbst aussäen.

Den Rollrasen sollten Sie noch einmal leicht anstapfen oder walzen, damit er guten Bodenschluss hat und problemlos anwächst. So ein grüner Weg ist nicht nur eine saubere Sache, er sieht gut aus und läuft sich wie ein natürlicher Teppich.

Eine noblere Variante bei der Wegeinfassung sind Stahlbleche. Die gibt es fix und fertig – etwa 3 Millimeter dick mit bereits angeschweißten Bodenankern und Verbindern. Sie sind so flexibel, dass man schöne Schwünge in seine Gartenwege einbauen kann. Und die Konstruktion hält ein Leben lang. Allerdings kostet das ein bisschen. Bei fertigen Blechen für die Wegränder muss man je nach Ausführung 10 bis 20 Euro pro Meter berappen. Die Bleche gibt es verzinkt oder aus sogenanntem Cortenstahl. Dieser setzt nach wenigen Wochen eine Patinaschicht an und schützt sich damit vor Durchrostung.

Wie tief die Bleche verbaut werden sollten, hängt vom Material für den Weg ab. Ich habe sie bei mir etwa 5 bis 6 Zentimeter aus dem Boden ragen lassen und hätte auch hier Rollrasen verlegen können. Aber in diesem Fall wähle ich eine wassergebundene Oberdecke. Eine Art der Oberfläche, wie man sie beispielsweise von Wegen in Parkanlagen kennt. Das Material ist scharfkantiger Sand, der sich ineinander verzahnt und dadurch eine hohe Stabilität bekommt. Unkraut wächst darauf nicht.

▲ Die Stahleinfassung sollte ca. 5 Zentimeter aus dem Boden ragen, denn der Weg muss ja noch aufgefüllt werden – in diesem Fall mit Wegegrand.

Der Sand (Wegegrand ist der Fachbegriff) muss gleichmäßig verteilt und gut verdichtet werden. Die ersten Regenfälle spülen dann die feineren Körner zwischen die großen und der Weg wird fast so hart wie Beton. Eine Schicht von 5 bis 10 Zentimetern reicht aus. Wenn Sie die allerdings mit dem Auto befahren wollen, bietet sich noch ein Unterbau aus 10 Zentimetern recyceltem Beton an.

Die Mitte des Weges sollte immer ein bisschen erhöht sein, damit Wasser zu den Rändern gut ablaufen kann. Legen Sie die Wege zudem immer ein bisschen höher als den Rest des Gartens an! Dann kommen Sie eher mit trockenen Füßen nach Hause.

EIN BEET IM RASEN ANLEGEN

Ein schönes Blumenbeet mitten in der Rasenfläche – so etwas anzulegen, macht normalerweise eine Menge Arbeit. Grassoden herausstechen, umgraben … Aber es geht auch leichter.

Der pfiffige Gärtner spielt auf Zeit und beginnt schon im Herbst. Natürliche Prozesse sollen uns zumindest einen Teil der Arbeit abnehmen. Das Projekt fängt mit einer Beet-Umrandung an. Dafür wird – wie es sich so oft beim Gärtnern anbietet – recycelt, altes Material neu eingesetzt.

◂ Das Material für die Beetumrandung habe ich innerhalb von ein paar Minuten auf dem Grundstück eingesammelt.

▾ Mit alten Ziegelsteinen und Holz beginnt der Bau des Beetes.

Bei der Einfassung kann man richtig kreativ sein: Ein paar alte Ziegel- oder Pflastersteine, Bretter und Bohlen oder auch ganze Äste von gefällten Bäumen – das sieht immer gut aus. Die Umrandung wird einfach auf der Rasenfläche ausgelegt.

Nun kommt der Clou. Ich lege eine Schicht Pappe auf die eingefasste Fläche. Besonders Wellpappe bietet sich an: Sie lässt sich leichter verarbeiten und verrottet schneller.

▸ Kompost einbringen, breit harken – fertig ist das Beet.

Die ungewöhnliche Abdeckung hat viele Vorteile. Alles, was dort bis jetzt gewachsen ist – Unkraut, Rasen, Moos –, verschwindet, da die Pflanzen kein Licht mehr bekommen und eingehen. Regenwürmer werden zudem durch die Pappe und die Feuchtigkeit darunter magisch angezogen. Sie durchlüften den Boden und graben ihn um. So sparen Sie sich viele Arbeitsschritte. Außerdem wird sich die Pappe fürs Frühjahr auch noch als ein guter Dünger erweisen.

Wichtig allerdings: Der verwendete Karton sollte nicht bedruckt oder beschichtet sein. Auch Aufkleber und Klebeband müssen entfernen werden. Sie würden verwittern und mit der Zeit für noch mehr gefährliches Mikroplastik in der Umwelt sorgen.

Ist die Pappe ausgelegt, sollte sie kräftig gewässert werden. Dadurch wird sie weich, legt sich schön flach auf den Boden – und die Regenwürmer haben es auch viel leichter, sich durch die Bedeckung zu arbeiten.

Nun bringt man Kompost ein – ungefähr 5 bis 10 Zentimeter. Diese Schicht brauchen Sie jetzt nur noch breit zu harken – und fertig ist das Beet. Das Ganze bleibt bis zum Frühjahr unbearbeitet liegen. Dann müssen Sie noch einmal umgraben. Und schon können Sie mit dem Bepflanzen beginnen.

Tipp: **Wer keinen Kompost hat, kann auch Laub und Rasenschnitt nehmen, muss dafür im Frühjahr aber ein bisschen mehr umgraben.**

◂ Seite 120: Die in der Holz- und Steinumrandung verlegte Pappe muss stark gewässert werden.

ERIKA –
robuste Dauerblüher

Heidekraut oder Erika gibt es in vielen Sorten. Die Pflanzen sind genügsam und gedeihen auch dort, wo sonst nicht viel wächst. Das wird besonders in den eher kargen Heidelandschaften im Norden Deutschlands nachvollziehbar. Heide ist also eine pflegeleichte Alternative für den Garten.

Wichtig für den Erfolg ist der pH-Wert des Bodens. Normale Blumenerde hat einen pH-Wert von 5,5 bis 6,5. Die Heide mag es etwas saurer. Am besten nehmen Sie Erde für Rhododendren, Moorpflanzen oder eben – Heide. Die hat einen pH-Wert zwischen 4,0 und 5,0. Sie können aber auch normale Blumenerde mit Kompost und Sand mischen, um Ihr Beet aufzuarbeiten. Eine Schicht von etwa 20 Zentimetern reicht völlig aus, denn Heide ist ein Flachwurzler.

Mit der richtigen Kombination an Pflanzen kann Ihr Beet fünf, sechs oder sogar neun Monate blühen. Die Irische Glockenheide beispielweise blüht ab August oder September. Auch die als Bienen- und Schmetterlingsweide bekannte Sommer- oder Besenheide blüht ab August bis in den Herbst. Des Weiteren gibt es Erika-Sorten, die Knospenblüher sind. Ihre Blüten öffnen sich nicht richtig, werden also nicht von Insekten bestäubt – dafür halten sie lange, praktisch den ganzen Herbst. Danach könnte die Schneeheide ihren Auftritt haben. Sie fängt im Winter an zu blühen und schafft es bis in den April. Bei der Schneeheide ist wichtig, dass Sie diese zusammen mit der Erde aus dem Topf einpflanzen, denn sie lebt in Symbiose mit dem Wurzelpilz „Ericaceen-Mykorrhiza“, der für sie überlebenswichtig ist.

▸ Die Erika ist eine genügsame Sorte – so auch die Irische Glockenheide (unten).

▲ Im Gegensatz zur Schneeheide (links) ist die Erica gracilis (rechts) kaum für Beete geeignet.

Weniger für ein Beet geeignet ist die Erica gracilis. Sie zeigt wunderschöne runde Blütenstände, ist jedoch nicht winterhart und damit eher etwas für den Kübel oder den Balkonkasten. Das Gleiche gilt für die spanische Baumheide. Sie wird in ihrer Heimat gerne bis zu sechs Meter hoch, überlebt bei uns aber meist den Winter nicht.

Erica carnea – Sorte	Blütenfarbe	Blütezeit
Alba	weiß	Februar – Mai
Atrorubra	rot	März – April
Challenger	rot	Januar – April
December Red	dunkles Rosa	Dezember – März
Eva	hellrosa	Februar – März
Golden Starlet	weiß	März – April
Kramers Weiße	weiß	Januar – April
Isabell	weiß	Februar – April
March Seedling	rosa	Februar – Mai
Natalie	leuchtend rot	Februar – April
Rubinfeuer	rosa	Januar – April
Winter Beauty	rosarot	November – April
Wintersonne	rot	März – April

Beim Einkauf der Pflanzen sind drei Dinge zu beachten:

- Die Heide hat sehr feine Wurzeln. Deshalb sollte der Wurzelballen nicht ausgetrocknet sein. Ist das der Fall, wächst das Kraut schlecht an.
- Heide blüht von unten nach oben auf – achten Sie deshalb darauf, dass auch die unteren Knospen noch schön geschlossen sind.
- Schauen Sie genau in den Topf! Wenn die Heide in der Mitte schon braun wird, ist die Pflanze meist insgesamt in keinem guten Zustand.

Angeboten werden mittlerweile auch sehr schöne Trios: drei verschiedenfarbige Jungpflanzen, die zusammen in einem Topf gezüchtet wurden. Ein paar davon in einem Blumenkasten ergeben ein sehr schönes Bild – und die Herbstbepflanzung ist schnell fertig.

Wenn Sie die Heidepflanzen in die Erde bringen, sollten Sie den Pflanzballen gut aufreißen. Im Topf hat sich meist ein dichter Wurzelballen gebildet, der in dieser Form nicht mehr richtig in den Boden einwachsen kann.

Bei einer Topf- oder Kübelbepflanzung können Sie die Erika mit Blattpflanzen kombinieren: Alpenveilchen, Beeren oder Efeu zum Beispiel. Pflanzen Sie ruhig dicht, denn die Gewächse breiten sich im Herbst nicht mehr stark aus. Ganz wichtig ist es, dass sie sofort, nachdem sie in die Erde eingebracht wurden, gewässert werden.

▲ Verschiedene Erika-Sorten können miteinander in einem Topf gezüchtet werden (oben). Auch mit anderen Pflanzen wie Efeu ergeben sie ein schönes Bild (unten).

Noch ein Tipp vom Gärtner! Die Irische Glockenheide ist eine der wenigen, die auch mit neutralem Boden zurechtkommt. Sie verträgt pH-Werte bis 7, eignet sich also für das normale Blumenbeet.

FRÜHBLÜHER PFLANZEN –
im Herbst nicht vergessen!

Narzissen, Krokusse, Tulpen, Perlhyazinthen, Allium und Schneeglöckchen – die Blumenzwiebeln in unserem Garten sollten alle zwei bis drei Jahre im Frühjahr ausgebuddelt und im Herbst neu gesetzt werden.

Spätestens wenn Sie das erste Mal Eis kratzen mussten, wird es Zeit, Ihr Beet mit neuen Zwiebeln zu bestücken, wenn Sie im Frühjahr eine schöne Blütenpracht haben wollen.

Der Boden sollte möglichst 25 Zentimeter tief aufgelockert sein. So tief wird natürlich nicht gepflanzt, ein Teil der Erde kommt zurück ins Pflanzloch. Aber wenn Sie gut vorarbeiten, haben es die Wurzeln leichter, sich ihren Weg zu suchen. Je nach Boden, zum Beispiel bei schweren Böden, empfiehlt es sich, eine etwa 2 bis 5 Zentimeter dicke Kiesschicht mit einzuarbeiten. Sie verhindert die Staunässe, die Zwiebeln überhaupt nicht mögen. Und, ganz wichtig: Wer Wühlmäuse hat, sollte auf jeden Fall ein bisschen Kükendraht in das Pflanzloch legen, ansonsten ist nach dem Winter von den Zwiebeln nichts mehr da. Den Draht bauen Sie am besten unter der Kiesschicht ein. Es gibt auch Pflanzkörbe, die vor den hungrigen Nagern schützen.

Achten Sie bei den Sorten, die Sie neu anschaffen, auf die Pflanzabstände! Damit Ihr Beet im Frühjahr wirklich so prachtvoll blüht wie auf der Packung abgebildet, sind oft mehr Zwiebeln als gedacht nötig. 80 oder 100 Zwiebeln

▸ Ins etwa 25 Zentimeter tiefe Loch wird eine Kiesschicht eingefügt, die Staunässe verhindert.

Die Zwiebeln können eng gesetzt werden, mit dem Trieb nach oben.

hören sich nach viel an, reichen aber bei weitem nicht für den ganzen Garten. Bei Tulpen zum Beispiel sollten 40 Stück pro Quadratmeter gesetzt werden. Mit 100 käme man hier auf gerade einmal zweieinhalb Quadratmeter.

Wie tief muss gepflanzt werden? Auch bei den Frühblühern gilt: doppelt so tief, wie die Zwiebel dick ist. Sie darf aber auch nicht zu tief gepflanzt werden, denn die Zwiebel bewegt sich mit der Zeit ohnehin mehr in die Erde hinein.

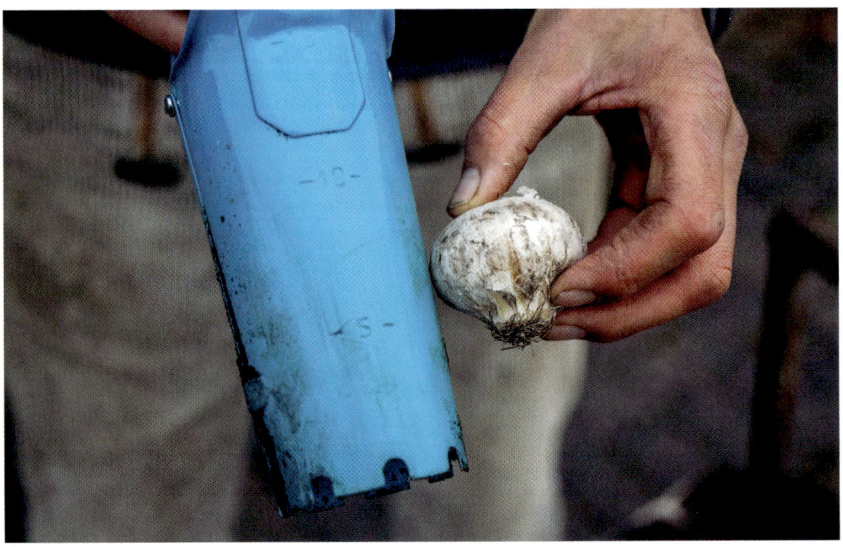

Auch hier gilt: Die doppelte Dicke der Zwiebel ist das richtige Maß für die Pflanztiefe.

Das liegt an ihrer konischen Form. Wächst die Zwiebel, schiebt sie sich automatisch weiter in den Boden.

Narzissen eignen sich wunderbar für die Blütenpracht in Rasenflächen. Dabei ist eine Pflanzhilfe eine wirklich vorzügliche Erleichterung. Mit ihr bekommt man die Zwiebeln schnell und unkompliziert unter die Rasendecke. Je nach Hersteller kostet so eine Pflanzhilfe zwischen sechs und zehn Euro.

◂ Pflanzhilfen machen das Setzen der Zwiebeln auf der Rasenfläche zu einem Kinderspiel.

▾ Sorten, die besonders Bienen und Hummeln zusagen, sind oft entsprechend gekennzeichnet.

Auch Krokusse eignen sich wunderbar für Rasenflächen. Die Frage ist, welchen Pflanzabstand wähle ich? Einfacher geht es nicht: Sie nehmen die Krokuszwiebeln, lassen sie fallen – und schon haben Sie einen idealen, sehr natürlichen Pflanzabstand.

Bei der Sortenauswahl und bei der Kombination wird es uns heutzutage relativ leicht gemacht. Es gibt alles zu kaufen. Zum Beispiel einen schönen Mix für Nützlinge, für die ersten Bienen und Hummeln, damit sie im Frühjahr gleich Nahrung haben. Oder spezielle Sorten für Schnittblumen-Fans.

Der „Typ Lasagne“: Ich nenne diese Kübel-Bepflanzung so, weil die bunte Blütenpracht aus mehreren Schichten sprießt.

Wenn Sie gar keinen Garten haben, dann pflanzen Sie Frühlingsblüher einfach in den Kübel. Der Favorit von mir ist der Kübel „Typ Lasagne“. In ihm sind mehrere Schichten Zwiebeln übereinander angeordnet. Unten wird mit Tulpen angefangen, dann folgen die Narzissen und die Perlhyazinthen – bunter geht es nicht. Da kann der Osterhase schon fast kommen. Aber denken Sie auch im Topf an eine Drainage-Schicht, damit keine Staunässe entsteht und die Zwiebelchen nicht verfaulen.

Bei Allium deutet eine kleine Spitze an, wo bei der Zwiebel oben ist.

Allium-Zwiebeln gibt es in verschiedenen Größen.

Im Frühjahr bekomme ich oft die Frage gestellt, wo es die schönen dicken Allium-Kugeln zu kaufen gibt. Da muss ich dann leider jedes Mal sagen: „Die hätten Sie im Herbst stecken müssen." Gerade bei dieser Lauch-Art ist es beim Pflanzen ganz wichtig, genau hinzuschauen. Manchmal ist auf Anhieb nämlich nicht zu erkennen, was unten und was oben ist. Der Tipp: oben, ganz versteckt, befindet sich eine kleine Spitze. Dort wachsen die Blätter heraus – und deshalb muss sie auch beim Pflanzen nach oben.

Allium eignet sich übrigens sehr schön als erster Hingucker im Staudenbeet. Auch hier ist wieder der Mix das A und O. Allium-Zwiebeln gibt es in diversen Größen. Daraus wachsen dann auch verschieden große Pflanzen. Gestaffelt sehen sie richtig gut aus. Dann zeigen sich die Kugeln in unterschiedlichen Höhen.

Tipp: **Beim Stecken der Frühblüher-Zwiebeln müssen Sie ausnahmsweise mal nicht angießen!**

Immer gültig

Peter Rasch

KAFFEE TRINKEN
für den Garten

Kaffeesatz fällt bei vielen regelmäßig an, landet aber meist im Müll. Dabei enthalten die Überreste der Kaffeezubereitung noch jede Menge wertvolle Inhaltsstoffe.

Der braune Grund in der Tasse oder im Filter ist reich an Kalium, Stickstoff, Phosphor, Gerbsäure und Antioxidantien. Das sind Nährstoffe, die man auch in handelsüblichen Düngeprodukten findet. Hier sind sieben Anwendungen von Kaffeesatz im Garten:

▾ Schneckenschutz, Wespensschutz – Kaffeesatz ist vielseitig einsetzbar.

Nummer eins – der biologische Superdünger: Kaffeegrund wird von vielen Gewächsen geliebt. Ich streue ihn ganz leicht unter die Pflanze und arbeite ihn ein. Gerade bei Pflanzen, die einen leicht sauren Boden brauchen – wie die Hortensien –, ist der Kaffeesatz ein idealer Dünger. Im Gemüsebeet ist er bei Gurke, Tomate und Zucchini sehr beliebt. Und natürlich auch bei Zimmerpflanzen.

Nummer Zwei – Kaffeesatz als Schutz vor Schnecken: Im Gegensatz zu vielen Menschen hassen die langsamen, aber manchmal doch recht aufdringlichen Tiere Koffein. Deshalb wird der Kaffeegenuss oft zum nachhaltigen Gärtnerglück. So nützt es bereits, ein wenig Kaffeesatz als Sperrschicht um den Salat zu streuen – die Schnecke läuft dann daran vorbei. Allerdings wirkt dieses Wundermittel nicht bei allen Schneckenarten …

Nummer drei – Kaffeesatz verscheucht Wespen dort, wo Sie Ihre Ruhe haben wollen: Wenn Sie es gerade gar nicht mögen, dass ständig Wespen um Sie herumsausen, nehmen Sie etwas gut getrockneten Kaffeesatz, legen ihn auf einen Teller, zünden ihn an und lassen ihn qualmen. Die Wespen deuten den Rauch als Gefahr durch Feuer und suchen schnell das Weite. Allerdings hat der Geruch des Verbrennenden wenig mit dem angenehmen des Kaffees gemein. Insofern ist dieser Tipp nur eine Lösung für draußen.

Nummer vier – Kaffeesatz stoppt Katzen: Katzenpipi im Sandkasten hat keiner gern. Um das zu verhindern, kann es helfen, ein bisschen Kaffeesatz um die Kiste zu streuen. Die Stubentiger machen dann einen Bogen um das Spielgerät.

▸ Auch Katzen mögen Kaffeesatz nicht – und meiden deshalb einen entsprechend geschützten Sandkasten.

▸ Kaffeesatz im Kompost beschleunigt die Zersetzung.

Nummer fünf – Kaffeesatz verbessert den Kompost: Einen Klassiker im Komposter – den Kaffeegrund können Sie ruhig mit Filtertüte entsorgen. Er ist quasi der Dünger für den Kompost, beschleunigt die Verrottung. Und die Regenwürmer fliegen auf diese betörende Kreation.

Tipp: **Wenn Sie Kaffeesatz lagern wollen, um ihn später einzusetzen, sollten Sie ihn gut in der Sonne trocknen, sonst schimmelt er.**

Nummer sechs – Kaffeesatz frischt alte Blumenerde auf: Die Überreste des Kaffeegenusses können helfen, alte, ausgelaugte Blumenerde wieder ein bisschen aufzupeppen. Die Erde zu gleichen Teilen mit Kompost mischen, Kaffeesatz dazugeben, alles gut durchmischen – fertig. Der Kaffeesatz sollte allerdings nur in kleinen Mengen beigegeben werden. Nehmen Sie zu viel, kann sich leicht Schimmel bilden.

Nummer sieben – Kaffeesatz neutralisiert basische Böden: Wenn Sie einen basischen Boden oder sehr kalkhaltiges Wasser haben, geben Sie zwei Löffel Kaffeegrund zum Gießwasser in die Kanne. Er neutralisiert das Wasser und düngt den Boden.

◂ Auch als Bodendünger, dem Gießwasser beigemengt, wirkt Kaffeesatz Wunder.

WAS DARF AUF DEN KOMPOSTHAUFEN?

Kompost – das Juwel in unserem Garten, ideal für die Bodenverbesserung. Beim Komposter sind eine gute Durchlüftung, Vielfalt und Feuchtigkeit wichtig. Werden diese Voraussetzungen erfüllt, geht es richtig voran mit dem Verrottungsprozess. Guter Kompost kann aber nur entstehen, wenn man etwas Gutes hineinwirft. Die Frage ist: Was darf auf den Komposthaufen und was lieber nicht?

Grob gesagt: Allein Pflanzenteile mit unbedenklicher Herkunft sollte man verwenden. So sind Pflanzenreste von den unbehandelten Beeten in unserem Garten kein Problem. Auch Reste von Bio-Obst oder Bio-Gemüse können auf den Komposthaufen. Bei Schalen von Bio-Zitrusfrüchten sollten Sie allerdings vorsichtig sein. Der grüne Schimmel, der sich auf ihnen bildet, ist nicht gesund – also lieber in die Biotonne damit.

Südfrüchte aus konventionellem Anbau sind oft stark mit Pestiziden belastet. Sie gehören auf keinen Fall auf den Kompost. Grundsätzlich erspart uns der Kompost auch bei Gartenabfällen nicht die Biotonne. Wenn Sie sich nicht ganz sicher sind, befördern Sie die Reste lieber dort hinein.

Kranke Pflanzenteile – wie Erdbeerblätter mit Welkekrankheit oder Tomatenkraut mit Braunfäule – gehören auf keinen Fall auf den Kompost. Ge-

◂ Kranke Pflanzenteile dürfen nicht in den Kompost.

Auch Kräuter mit ausgereiftem Saatgut bewirken im Kompost nichts Gutes.

nauso samenechte Unkräuter in voller Blüte. Deren Saatgut ist voll ausgereift. Würden Sie diese kompostieren, holten Sie sich alles mühsam Gejätete wieder in den Garten zurück. Denn die Samen überdauern die Kompostierung in vielen Fällen.

Wurzelunkräuter hingegen – wie Giersch und Quecke, Brennnessel und Löwenzahn – verrotten bestens. Diese Pflanzen herausreißen, abtrocknen lassen und dann auf den Kompost geben.

Löwenzahn und Giersch hingegen können ruhig im Kompost verrotten.

◂ Fäulnis droht, wenn man den noch feuchten Rasenschnitt in den Kompost gibt. Deshalb das Gemähte erst trocknen lassen.

Auch Rasenschnitt sollte nie frisch auf den Kompost geworfen, sondern erst leicht angetrocknet und möglichst in dünnen Schichten aufgebracht werden. Sonst besteht die Gefahr von Fäulnis.

Viele stellen sich auch die Frage, wie man mit giftigen Pflanzen umgehen sollte, zum Beispiel mit Jakobskreuzkraut, Eibe oder Thuja. Laut wissenschaftlichen Untersuchungen werden die Gifte im Laufe des Verrottungsprozesses abgebaut.

◂ Das Gift von Jakobskreuzkraut und Thuja wird beim Verrotten abgebaut. Die Pflanzen schaden demnach dem Kompost nicht.

Im Herbst werden die Hecken nachgeschnitten. Das dabei anfallende feine, leichte Gestrüpp eignet sich wunderbar für den Komposthaufen. Es sorgt dort für eine gute Durchlüftung. Die dicken Äste aus der Hecke verwenden Sie lieber für ein Rankgerüst. Auf keinen Fall gehören Sie auf den Kompost!

Was ist mit der Asche aus dem Kamin? Viele denken, in ihr stecke sehr viel Kraft. Theoretisch ist das auch richtig. Aber Vorsicht! Bäume nehmen in ihrem langen Leben unfassbar viele Schadstoffe auf – und die bleiben nach dem Verbrennen in

Viele geben die Asche aus ihrem Ofen in den Kompost. Dabei enthält sie oft viele Schadstoffe.

Laub sollte aufgrund seiner Härte gehäckselt in den Kompost gegeben werden. Ich harke es zusammen ...

der Asche. Gerade Schwermetalle wie Blei, Chrom, Nickel und Cadmium konzentrieren sich in ihr. Deshalb gehört Asche immer in die Tonne.

Das Laub jedoch kann man wunderbar kompostieren. Weil es aber ziemlich hart ist und deshalb nicht so schnell verrotten würde, wende ich einen kleinen Trick an: Ich „überfahre“ die welken Blätter einfach mit dem Rasenmäher, sammele sie dabei ein und häcksele sie zugleich. Ein normaler Gartenhäcksler tut es natürlich auch. Das kleingeschredderte Laub verrottet mindestens dreimal schneller als nicht bearbeitetes. Die Schicht im Komposthaufen sollte allerdings nicht zu dick sein.

Vorsichtig muss man mit dem Laub von Eiche, Kastanie und anderen Pflanzen mit vielen Gerbstoffen sein. Sie machen den Kompost sehr sauer. Auch sehr hartes Laub, wie das des Kirschlorbeers, verrottet nicht gut auf dem Komposthaufen.

▲ … und fahre dann mit dem Rasenmäher darüber, der nicht nur zerkleinert, sondern gleich einsammelt. Die Laubschicht im Kompost sollte allerdings dünn gehalten werden.

Peter Rasch

WAS MACHT DER GÄRTNER IN DER REGENZEIT?

Ananas vermehren

Sich selbst eine schöne Ananaspflanze zu züchten, ist relativ einfach. Aber dafür brauchen Sie zuerst eine wirklich frische Frucht. Hat die schon ein paar trockene Blätter, macht das nichts. Die Kelchblätter jedoch müssen noch richtig schön grün sein – wirklich ganz jungfräulich.

Was sonst im Müll landet, wird Grundlage unserer Neuzucht. Nehmen Sie die Ananas fest in die Hand und drehen den Blattschopf leicht nach links und rechts, bis er sich löst. Jetzt muss er aufgeputzt werden. Denn aus den Blattachsen kommen später die Wurzeln. Deshalb müssen wir alle alten Blätter entfernen. Der Rest vom Strunk, der hängen bleibt, wird einfach mit dem Messer abgeschnitten.

Das Hauptproblem bei der Nachzucht ist Fäulnis. Wenn man den Strunk einfach in Erde steckt, wird er durch die Feuchtigkeit relativ schnell faulen.

▾ Indem ich den Blattschopf der Ananas hin und her drehe …

▸ ... löse ich diesen vorsichtig von der Frucht.

▸ Alte Blätter entferne ich. Die Holzkohle wirkt wie ein Pflaster auf der Wunde.

Deswegen bearbeiten wir die Schnittstelle mit Holzkohle – ähnlich wie beim Teilen von Stauden. Dafür sollte die Kohle schön zerkleinert werden – zum Beispiel mit einem Fleischklopfer. Wenn Sie die Holzkohle vorher in einen Gefrierbeutel gefüllt haben, geht das wunderbar, ohne überall den schwarzen Staub zu verteilen.

Das Ganze lassen wir jetzt 5 bis 6 Stunden oder auch ruhig einen Tag liegen, damit es ein wenig abtrocknen kann und sich die frische Wunde etwas verschließt.

Zwei bis drei Jahre dauert es mindestens, bis die neue Pflanze Früchte tragen wird.

Danach kann die Ananas auch schon eingepflanzt werden. Als Substrat brauchen wir ganz normale Blumenerde: die Pflanze einfach einsetzen, leicht andrücken und etwas abstützen. Kleine Holzstäbe oder auch Gabeln aus ihrem Besteckkasten machen sich da gut.

Eine andere Variante ist es, den Strunk in ein Wasserglas zu stellen. In zwei bis drei Wochen bildet er Wurzeln und kann dann eingepflanzt werden.

Die Ananas darf nur ganz sparsam gegossen werden – es reicht alle zwei bis drei Wochen. Als Standort keinen Platz mit direkter Sonne auswählen. Ideal ist ein helles Fenster, bei dem Temperaturen um 20 Grad vorherrschen. Wachsen die ersten frischen, grünen Blätter aus der Mitte der Pflanze hervor, dann weiß man, dass die Vermehrung erfolgreich war.

Und wann wird geerntet? Die Ananas ist eher dekorativ. Bis zur Ernte dauert es zwei bis drei Jahre, wenn Sie Glück haben. Aber in der Zwischenzeit kann man sich schon an der Schönheit der Pflanze erfreuen.

KÖNIGIN IM KÜBEL

Die Rose – die Königin der Blumen. Sie gehört nun wirklich in jeden Garten. Aber was machen diejenigen, die keinen Garten haben? Kann man die Rose einfach in einen Blumentopf setzen? Man kann! Allerdings sollte es schon ein Pflanzkübel mit etwas Platz sein.

Früher hat man Rosen ausschließlich im Frühjahr in die Erde gebracht. Seit es die getopften Pflanzen (Container-Rosen) gibt, können Sie Ihren Garten die ganze Saison hindurch mit diesen prachtvollen Blumen aufhübschen. Dabei gibt es nur zwei Dinge zu beachten – die Sortenwahl und die Topfwahl.

Farbe und Duft sind Eigenschaften, die beim Rosenkauf für viele an erster Stelle stehen. Wenn Sie die Blumen jedoch in den Topf pflanzen wollen, spielt vor allem die Größe eine entscheidende Rolle. Am besten nehmen Sie kleinwachsende Exemplare – Zwerg- oder kleine Beetrosen. Sie eignen sich ideal für die Bepflanzung eines Kübels. Schon beim Einkauf sollten Sie zudem darauf achten, dass die Pflanze blühfreudig ist, also noch viele schöne Knospen hat.

Kauft man eine Rose, fällt auf, dass sie in einem relativ hohen Topf angeboten wird. Dies hat einen wichtigen Grund. Die Rose bildet eine Pfahlwurzel. Deshalb muss man auch beim Kübel darauf achten, dass sie viel Platz nach unten hat. Der Durchmesser des Topfs ist im Vergleich dazu gar nicht so entscheidend.

Wichtig hingegen ist eine gute Drainage im Kübel. Tonscherben von alten Blumentöpfen sind eine passende Grundlage. Darüber geben wir eine dünne Schicht Blähton – aber nicht zu viel, die Pflanze braucht ja Raum.

▸ Wählen Sie eine kleine Rosenart, aber einen hohen Topf.

◂ Eine gute Drainage, etwas Urgesteinsmehl und hochwertige Rosenerde lassen die Rose lange schön bleiben.

Eine Rose kann vier bis fünf Jahre in einem Kübel bleiben, ohne dass sie umgetopft werden muss. Deshalb empfehle ich, unbedingt hochwertige Rosenerde zu nehmen. Die wird noch mit Urgesteinsmehl und etwas Langzeitdünger aufgepeppt. Eine derartige Mischung sorgt in den ersten Monaten im Kübel für eine ideale Versorgung mit Nährstoffen und Mineralien. Die Struktur der Rosenerde führt dazu, dass Wasser und Luft gut an die Wurzeln gelangen. Wenn Sie eine Rose ins Beet pflanzen, brauchen Sie dagegen nicht unbedingt Rosenerde.

Ansonsten gibt es nicht viel zu beachten. Man pflanzt die Rose so hoch, wie sie im Topf steht, ein, lässt einen ausreichenden Gießrand - und schon ist das Werk vollbracht.

Der Standort. Er sollte auf jeden Fall sonnig sein. Schon Morgensonne wäre gut, damit das Laub nach der Nacht schnell abtrocknen kann. Und wenn der Rose dann noch ein wenig Wind um die Nase weht, ist sie vor Pilzerkrankungen wie Mehltau relativ sicher.

Auch ein schönes Rosenstämmchen eignet sich wunderbar für eine Kübelbepflanzung. Und man kann noch etwas Hübsches unten herum pflanzen.

Was eignet sich dafür? Viele werden antworten: Lavendel sieht gut aus. Im Beet geht das, im Kübel lieber nicht! Lavendel ist eine mediterrane Pflanze, die es trocken mag. Die Rose hingegen möchte feucht stehen. Einer von beiden würde also immer leiden. Deswegen wähle ich als Unterbepflanzung Balkonpflanzen, blaue Salvien zum Beispiel bieten einen schönen Kontrast zur roten Rose.

◂ Gut zur Rose passt die blaue Salvie.

Dufttagetes können Sie ebenfalls nehmen oder Rankpflanzen wie Gundermann – und wenn der Kübel groß genug ist, passt vielleicht sogar noch eine Zwergrose hinein.

Sobald unten alles gerichtet ist, können Sie oben noch einmal etwas nachschneiden. Die Pflege ist jetzt ganz einfach. Vertrocknete Rosenblüten müssen beseitigt werden. Ansonsten bilden sich ziemlich schnell Hagebutten, denn die Pflanze will naturgemäß ihre Kraft in die Samenproduktion stecken. Entfernen wir die alten Blüten, geht die Kraft gleich wieder in die neuen – und wir haben viel mehr von unserer wunderschönen Rose.

Und wie ist es mit dem Schutz im Winter? Packen Sie die „Königin" mit Tannenreisig ein. Ganz wichtig ist, auch den Topf bei dieser Aktion nicht zu vergessen! Der friert sonst relativ schnell durch – und das schädigt die Wurzeln. Ist hingegen alles sorgfältig eingepackt, sollte die Rose in einer geschützten Ecke den Winter gut überleben.

SCHNITTBLUMEN

Es gibt doch kaum etwas Schöneres als einen Blumenstrauß. Und wenn man alles richtig macht, dann hält er auch lange. Wichtig sind frisches Wasser, Nährstoffe und Hygiene.

Beim Schneiden der Blumen gibt es zwei Dinge, die Sie beachten müssen.

Erstens – der Schnittzeitpunkt: Früh morgens ist der ideale Moment, dann stehen die Pflanzen in Saft und Kraft. Aber auch abends, wenn es kühler wird, können Sie Hand an die Blumen legen. Auf keinen Fall sollte in der prallen Mittagssonne geerntet werden.

Zweitens – der Reifegrad der Blumen: Die Blüten von Sommerblumen und Rosen sollten schon geöffnet sein, damit sie sich in der Vase entfalten.

▲ Schnittblumen sollten früh am Tag oder am Abend geerntet werden.

Nicht jede Vase ist geeignet für die Blumen. Am besten sind Glasvasen, allein schon, weil Sie bei ihnen immer sehen, wann das Wasser gewechselt werden sollte. Eine Blumenvase muss richtig sauber sein und sollte nach jedem abgeblühten Strauß gründlich ausgewaschen werden.

▲ Harte Stiele sollten schräg, weiche gerade angeschnitten werden, ehe sie in die Vase kommen.

Bevor die Blumen in die Vase kommen, sind die unteren Blätter zu entfernen. Zu viel Grünzeug im Wasser beschleunigt nämlich das Wachstum von Bakterien. Außerdem verringert sich durch eine geringere Anzahl an Blättern die Verdunstung - die Schnittblumen halten länger. Sinnvoll ist es auch, die Stiele noch einmal anzuschneiden. Das verbessert die Wasseraufnahme. Harte Stiele wie bei Rosen werden mit einem scharfen, sauberen Messer schräg angeschnitten, weiche Stiele wie bei Gerbera gerade. Vermeiden Sie es, danach die Schnittflächen anzufassen. Wenn Ihnen ein weicher Stiel mal abknicken sollte, müssen

▶ Ein wenig Zucker hält die Blumen länger frisch.

Sie die Blume nicht gleich wegwerfen. Schienen Sie ihn mit Gärtnerdraht, solange die Verletzung noch frisch ist.

In das Wasser können Sie natürlich auch ein paar unterstützende Mittel geben. Zucker liefert Nährstoffe, die das Blumenleben etwas verlängern. Kupfer hemmt das Bakterienwachstum – deshalb schwören viele auf eine Kupfermünze. Eine ähnliche Wirkung hat eine Kopfschmerztablette. Oder geben Sie einen kleinen

◂ Gegen Bakterien helfen Kupfermünzen oder eine Kopfschmerztablette.

◂ „Schnittblumenfrisch" ist etwas für die weniger Experimentierfreudigen.

Bei einer nicht mehr ganz frischen Hortensie hilft ein Bad.

Steckt man sie mit dem Kopf ins Wasser, zeigt sie sich nach einer Nacht wieder sehr erholt.

Schluck Zitronensaft ins Wasser. Der wirkt antibakteriell, Vitamin C (Ascorbinsäure) wird ja auch bei Lebensmitteln gern als Konservierungsmittel eingesetzt. Das funktioniert bei Blumen ebenfalls.

Wer keine Experimente machen möchte, lässt sich beim Einkauf „Blumenfrisch" mitgeben – eine gut abgestimmte Kombination aus Pflanzennahrung und Schutz vor Bakterien und Algen. In diesem Fall sollten Sie aber das Wasser nicht zwischendurch wechseln, sondern nur auffüllen.

▲ Zwei bis drei Sekunden Fußbad in kochendem Wasser lässt Sonnenblumen länger schön bleiben.

Die Hortensie gehört zu den beliebtesten Schnittblumen. Wenn sie schwächelt, kann man sie eine Nacht mit dem Kopf ins Wasser stellen und am nächsten Morgen den Stiel noch einmal anschneiden.

Im Sommer sollten Sie Ihren Strauß tagsüber an einen schattigen Platz stellen. So bleiben die Pflanzen länger frisch. Frühblüher – zum Beispiel Tulpen – können, solange keine Minusgrade zu erwarten sind, auch einmal an der frischen Luft aufbewahrt werden. Dann halten sie gut eine Woche länger.

Der Extratipp vom Gärtner! Wenn Sie Sonnenblumen ins Wasser stellen, tauchen Sie die Stielenden nach dem Schneiden für zwei bis drei Sekunden in kochend heißes Wasser. Das verhindert, dass aus den Schnittflächen der milchige Pflanzensaft austritt. Gelangt er nämlich ins Blumenwasser, welkt der Strauß schneller. Nach der Hitzebehandlung halten die Sonnenblumen viel länger in der Vase.

Noch mehr Peter Rasch bei Hinstorff:

ISBN 978-3-356-02086-1

ISBN 978-3-356-02420-3

ISBN 978-3-356-02341-1

Liebe Leserin, lieber Leser! Wie hat Ihnen die Lektüre gefallen?
Bitte bewerten Sie uns im Internet.

Die Deutsche Bibliothek verzeichnet diese Publikation in der Deutschen Nationalbibliografie; detaillierte bibliografische Daten sind im Internet über www.ddb.de abrufbar.

Lagerstraße 7, 18055 Rostock
Tel. 0381/4969-0
www.hinstorff.de

3. Auflage 2022
Fotos: Udo Tanske, außer S. 4/5 und 82/83 (Kristina Andres), S. 6/7 (Thomas Gallien)
Herstellung: Hinstorff Verlag GmbH
Lektorat: Thomas Gallien
Titelgestaltung und Layout: Beatrix Dedek
Druck: CPI books GmbH
ISBN 978-3-356-02419-7

Lizensiert durch
Studio Hamburg Enterprises GmbH